Computational Fluid Dynamics

数値流体力学の
基礎と応用

山本　悟 著
Yamamoto Satoru

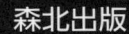
森北出版

まえがき

　現代社会において，数値計算が欠かせない技術であることは論をまたない．我々はみな，直接の経験はなくとも，知らないうちに数値計算の恩恵にあずかっている．最も身近な例は，ゲームであろう．アクションゲームやシミュレーションゲームは，数値計算のかたまりのようなものである．そのほか，たとえば気象予報や津波予報，株価の予測などにも数値計算は用いられている．これらの数値計算は，パソコンやスマートフォンといった機器のほか，SNS や AI などのサービスを提供するネットワーク上のコンピュータや，さらには自動車に搭載されたコンピュータなど，身の周りの様々な場所で実行されている．

　空気や水の流れを数値計算する研究分野である，数値流体力学（computational fluid dynamics：CFD）は，このような数値計算の幅広い応用の一つである．CFDは，コンピュータの高速化に伴って急速に発展してきており，現在では，流れを伴う様々な工学・理学・医学分野の流動問題に応用されている．筆者は，まさにそのような CFD の発展著しい時代から研究を行ってきた．

　数値計算と聞くと，きわめて難解という印象をもつ人がいるかもしれない．確かに，CFD をはじめ，一般に数値計算では難しい数式を解く必要がある．しかし，それらの数式は最終的に，コンピュータの中では細かく分解され，四則演算となって計算される．コンピュータが行っているのは非常に初歩的な計算であり，ただそれを 1 秒間に数億回から数兆回というきわめて高い速度で，繰り返し実行しているだけなのである．数値計算とは，このように難しい数式を四則演算に噛み砕いてコンピュータに計算させるための手段にすぎない．

　とはいえ，CFD で解くべき数式は一般に偏微分方程式であり，その理解は必須である．また，合わせて微積分や線形代数といった数学的基礎もきわめて重要となる．そのため海外の大学では，応用数学専攻として数値計算を研究している数学科の研究者も多く，偏微分方程式に基づく数理科学は応用数学の主要研究分野の一つとなっている．一方で，日本ではあいにく，数学は数学者が，工学は工学者が研究するのが当たり前という考え方がいまだ根強く，数学と工学を橋渡ししてくれる研究教育機関が不足している．本書は，そういった状況を背景に，CFD の知識を広く共有したいとの想いから執筆したものである．

　とくに筆者が取り組んだ研究は，マルチフィジックス CFD とよばれている．単に空気や水の流れだけでなく，化学反応や相変化などの付加的物理を伴う熱流動問題を数値計算する研究分野である．本書では，それらを具体的に実践するうえでの基礎と応用として，差分法，数理モデリング，非圧縮性ナビエ・ストークス方程式の差分解法，圧縮性ナビエ・ストークス方程式の差分解法，熱・化学非平衡流れの数値解法，非平衡凝縮流れの数値解法，超臨界流体の数値解法について，筆者が 40 年近く研究してきた内容を中心にまとめた．

　CFD 関連の書籍はすでに数多く出版されているが，知識は習得できても，実際にプログラムを作成するうえでは，その詳細が記されていないものが多い．そこで本書には，筆者が実際に自分で導出した差分式や行列のほぼすべてを記載した．浅学菲才による誤りなどあれば，どうかご容赦願いたい．式の導出方法や数理モデルの意味を理解するのに役立ててもらうことで，CFD の研究開発に携わる，あるいはこれから携わろうという研究者・技術者，学生にとっての一助となれば幸いである．なお，本書はマルチフィジックス CFD の数理モデルと数値解法に重きを置いたため，それ以外の部分，たとえば，乱流のモデリングや，より高忠実（high fidelity）な差分解法などについては解説していない．これらについては他書を参考にしてほしい．

　本書内で紹介した計算例は，筆者の研究室の教員・学生をはじめ，これまで筆者との共同研究に携わっていただいた大学・企業の方々の協力なくしては，到底成し得なかったものである．関係各位に心から御礼申し上げる．筆者の CFD 研究の根底にあるのは特性の理論であり，恩師の大宮司久明先生（東北大学名誉教授）から多くを学んだ．この知識がなければ，本書を執筆するに足るだけの体系化はできなかったように思う．貴重な基礎知識を与えてくれた大宮司先生に，改めて感謝申し上げる．

　おわりに，本書の出版にあたって森北出版の富井晃氏から，多くの的確かつ丁寧な助言をいただいた．ここに感謝の意を表する次第である．

2025 年 2 月

著者

目　次

1

はじめに

1.1 計算数理科学と数値流体力学

計算数理科学（mathematical modeling and computation）は，自然科学における現象や社会科学における事象を数学的にモデル化し，それら数理モデルをコンピュータにより数値計算する研究分野である．この分野は，応用数学者，科学者，エンジニアらによって研究されてきた．もともと数理科学（mathematical science）は数理モデルを構築する研究分野であり，数理物理学，数理生物学，数理社会学，数理経済学，数理心理学など，多くの異なる分野に「数理」と名の付く研究分野がある．とくに数理生物学は，顕著な数理モデルが提案されている代表的な研究分野で，たとえば Hodgkin–Huxley モデル[1]は，神経膜を出入りするイオンのパルス信号を模擬できる有名な数理モデルである．Hodgkin と Huxley はこの研究の功績により，1963 年にノーベル生理学・医学賞を受賞した．このモデルは，FitzHugh と Nagumo によって，FitzHugh–Nagumo モデルとしてさらに拡張された[2]．また，感染症を模擬した免疫学の数理モデルとしては，Kermack–McKendrick モデル[3~5]が知られており，Susceptible（感受性），Infectious（感染性），Recovered（回復）の三つの単語の頭文字をとって SIR モデルともよばれる．Lotka–Volterra モデル[6]は，菌類，植物，昆虫，動物，人間の間の弱肉強食系（pray–predictor system）などのエコロジーを模擬するモデルであり，資源消費系の問題にも適用される．このモデルは人口動態を模擬するロジスティック方程式でもある．物理学の分野では，電磁気学，量子力学，流体力学の典型的な数理モデルとして，それぞれマクスウェル方程式，シュレディンガー方程式，ナビエ・ストークス方程式がある．そして，ナビエ・ストークス方程式を数値計算する研究分野が数値流体力学（computational fluid dynamics：CFD）である．

本書ではまず，CFD における代表的な計算手法の一つである差分法†（finite

---

† 差分法以外にも有限要素法，境界要素法などがある.

difference method：FDM）について解説する．さらに，化学反応や相変化など付加的な物理化学現象を伴う熱流動を数値計算するためのマルチフィジックス CFD について解説する．

　差分法の歴史は，1910 年に提案された Richardson の点反復法[7]や 1930 年代後半に Southwell が提案した緩和法[8]にまで遡る．コンピュータがまだなかった当時は，タイガー計算機に代表される手動の計算機を用いて，何か月も掛けて簡単な問題が差分計算されていた．1946 年になって，真空管製のノイマン型コンピュータ ENIAC が誕生した．フォン・ノイマン（von Neumann）はこの原理を発明した偉大な科学者だが，差分法の基礎になる線形安定性理論（linear stability analysis）なども提案している．その後，1970 年代後半から Cray-1 をはじめとするスーパーコンピュータが開発され，性能が年々向上することにより，今日ではたとえば数百億点の計算格子を用いた乱流現象の数値計算なども行われている．差分法の利点には，アルゴリズムが比較的簡単でありプログラミングしやすい点，高次精度である点，ベクトル／パラレル化しやすい点などが挙げられ，その適用範囲は有限要素法（finite element method：FEM）や境界要素法（boundary element method：BEM）に比べて広い．一方，計算格子を直交格子もしくは滑らかな格子にしなければならないといった格子依存性があり，複雑な形状の問題には適用限界がある．

1.2　数理モデルと差分法の入口

　e^{-t} を微分すると，$-e^{-t}$ になる．$u = e^{-t}$ とすれば，$u' = -e^{-t}$ となるので，$u' = -u$ である．これは微分方程式（differential equation，正確には常微分方程式（ordinary differential equation：ODE））に相当し，$du/dt = -u$ とも書ける．

　それでは，差分法により $du/dt = -u$ を解いてみる．まずは次式が作られる（詳細は後述する）．

$$\frac{u^{n+1} - u^n}{\Delta t} = -u^n \tag{1.1}$$

ここで，n は時間ステップ（time step）とよばれる（べき乗ではない）．Δt は n 時間ステップから $n+1$ 時間ステップまでの時間間隔，u^n は n 時間ステップの u，そして u^{n+1} は $n+1$ 時間ステップの u である．この式をさらに変形すると，

$$u^{n+1} = u^n - \Delta t\, u^n \tag{1.2}$$

となる．これは，コンピュータプログラムの代入文と同等の式であり，n の値を

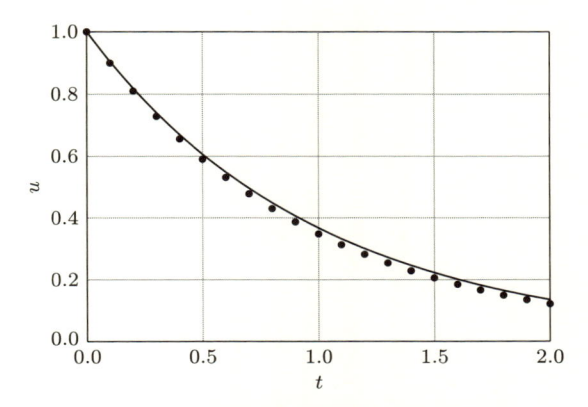

図 1.1　e^{-t} の厳密解と差分法による解の比較

$1, 2, 3, \cdots$ と増やして繰り返し計算される．いま，$n = 0$ $(t = 0)$ で，$u = 1.0$ を初期値として，$\Delta t = 0.1$ で繰り返し計算すれば，図 1.1 のように差分法の結果が厳密解と比較される．

厳密解である e^{-t} の値と差分法による数値解は，いずれの u も 0 に漸近している．差分法の解と厳密解はほぼ同じ結果になった．もともと，$u = e^{-t}$ であり，近似的にこの指数関数の解を差分法で求めることができることを示している．Δt の値をより小さくすれば，数値解もより厳密解に近づく．

常微分方程式 $du/dt = -u$ は，数理科学の分野では，反応方程式（reaction equation）とよばれる数理モデルである．$du/dt = -u$ は t を十分大きな値にしたとき 0 に漸近するが，u が何かの物質だとすれば，化学反応によりその物質が別の物質に変化して，十分時間が経った後にその物質自体はなくなってしまうことを模擬している．その場合に，t は時間そのものである．

また，$du/dt = u$ とすれば，この常微分方程式の一般解の一つは e^{t} になるので，t を十分大きくすると今度は u が爆発的に大きな値になる．ただし，このような反応はあまり現実的ではない．数理科学において，反応方程式の左辺は時間微分項（time-derivative term），右辺は反応項（reaction term）もしくは生成項（source term）とよばれる．

次に，2 物質の化学反応を模擬してみる．化学反応により物質 u が物質 v に変化する数理モデルは，次の二つの反応方程式で表される．

$$\frac{du}{dt} = -vu, \quad \frac{dv}{dt} = uv \tag{1.3}$$

このような，複数の反応方程式からなる数理モデルは，反応方程式系（system of reaction equations）とよばれる．これらから，差分法により

$$u^{n+1} = u^n - \Delta t\, v^n u^n, \quad v^{n+1} = v^n + \Delta t\, u^n v^n \tag{1.4}$$

が作られる.

$t = 0$ で99%の物質が u，残りの1%が v として，$\Delta t = 0.5$ で計算すると，図1.2のような結果が得られる．$n = 11$ で，u と v の値がほぼ逆転している．この計算をさらに続けると，$u = 0, v = 1$ に漸近する.

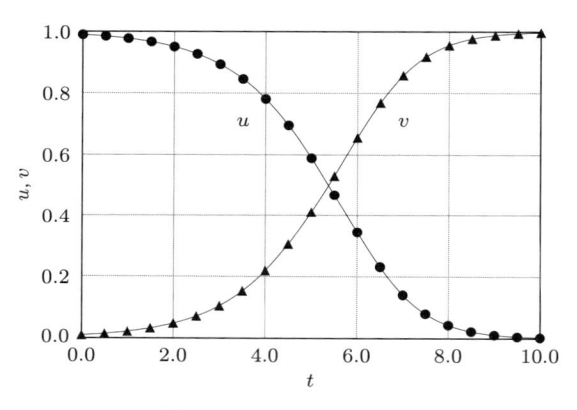

図 1.2　u と v の計算結果

ここでは化学反応を例にして説明したが，何かが別の何かに変化するような現象や事象であれば，二つの反応方程式により模擬できる.

さらに，三つの反応方程式からなる数理モデルを，差分法により解いてみる．冬に流行するインフルエンザは，感染が始まると急激に広がる．同時にある期間を経てその感染者は徐々に減少する．これを模擬したものとして Kermack–McKendrick モデル[3~5]が知られており，次式のように定義されている.

$$\frac{dS(t)}{dt} = -\beta S(t)I(t) \tag{1.5a}$$

$$\frac{dI(t)}{dt} = -\gamma I(t) + \beta S(t)I(t) \tag{1.5b}$$

$$\frac{dR(t)}{dt} = \gamma I(t) \tag{1.5c}$$

ここで，$S(t)$ は非感染者数（population under susceptible condition），$I(t)$ は感染者数（population under infectious condition），$R(t)$ は回復者数（population under recovered condition）を表し，通称 SIR モデルとよばれる．β は感染率，γ は回復率である．全人口は $N(t) = S(t) + I(t) + R(t)$ で与えられる．また，式 (1.5) を足し合わせると

$$\frac{dS(t)}{dt} + \frac{dI(t)}{dt} + \frac{dR(t)}{dt} = 0 \tag{1.6}$$

となる．式 (1.5) を差分法により近似して展開すれば，次式のようになる．

$$S(t)^{n+1} = S(t)^n - \Delta t \beta S(t)^n I(t)^n \tag{1.7a}$$
$$I(t)^{n+1} = I(t)^n - \Delta t \gamma I(t)^n + \Delta t \beta S(t)^n I(t)^n \tag{1.7b}$$
$$R(t)^{n+1} = R(t)^n + \Delta t \gamma I(t)^n \tag{1.7c}$$

いま，$\Delta t = 1.0$，$\beta = 0.4$，$\gamma = 0.03$ とし，非感染者の初期値を 999 人（$S(0) = 999$），感染者数の初期値を 1 人（$I(0) = 1$），回復者の初期値を 0（$R(0) = 0$）として式 (1.7) を解けば，図 1.3 が得られる．これを見ると，30 日くらいでほぼ全員が急激に感染しているのがわかる．その一方で，感染者数は 28 日くらいでピークを迎えてその後減少に転じており，100 日以降では感染者数は全体の 1 割以下になっている．実際のインフルエンザの流行はこれよりも複雑だが，ごく簡単な三つの反応方程式を解くだけで，感染者数の極大値が推測できるのは興味深い．

　一方，独立変数が二つ以上の微分方程式は，偏微分方程式（partial differential equation：PDE）とよばれる．たとえば，

$$\frac{\partial u}{\partial t} = \frac{\partial u}{\partial x} \tag{1.8}$$

は最も簡単な偏微分方程式の一つである．この式は，CFD の分野では移流方程式

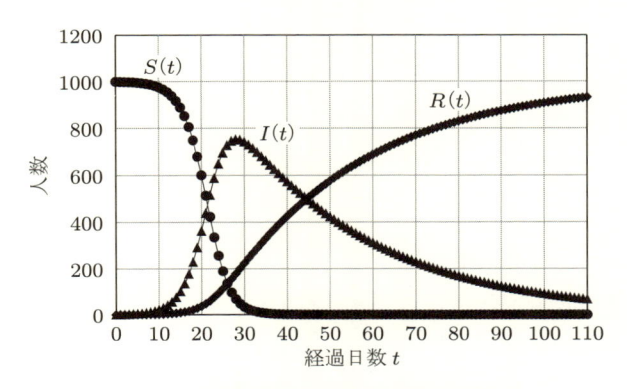

図 1.3　非感染者，感染者，回復者の推移

(convection equation) に分類される.

式 (1.8) は，差分法で次のように差分近似される（詳細は後述する）.

$$\frac{u^{n+1}(x) - u^n(x)}{\Delta t} = \frac{u^n(x + \Delta x) - u^n(x - \Delta x)}{2\Delta x} \tag{1.9}$$

$u(x)$ は空間の1次元座標 x における u の値を示す．$x \pm \Delta x$ は x から $\pm \Delta x$ だけ離れた位置を表す．x における偏導関数 $\partial u / \partial x$ は，2次精度の中心差分（second-order central difference）で近似されている．式 (1.9) をさらに変形すれば，

$$u^{n+1}(x) = u^n(x) + \frac{\Delta t}{2\Delta x}\{u^n(x + \Delta x) - u^n(x - \Delta x)\} \tag{1.10}$$

となる．この式が $n = 1, 2, 3, \cdots$ と繰り返して計算される.

物質拡散や熱伝導などの拡散現象を模擬する数理モデルとしては，拡散方程式（diffusion equation）がある．これは，数学的には2階の偏導関数 $\partial^2 u / \partial x^2$ で模擬される．たとえば，熱伝導現象（heat conduction）を支配する熱伝導方程式（equation of heat conduction）は，次式のように定義される.

$$\frac{\partial u}{\partial t} = \kappa \frac{\partial^2 u}{\partial x^2} \tag{1.11}$$

ここで，κ は物質ごとに異なる熱伝導係数（heat conductivity coefficient）である．金属と空気を比較すれば，金属のほうがより熱が伝わりやすく，この係数の値は空気に比べて2桁近く大きな値になる.

式 (1.11) を差分法で近似すれば，次式が得られる（詳細は後述する）.

$$\frac{u^{n+1}(x) - u^n(x)}{\Delta t} = \kappa \frac{u^n(x + \Delta x) - 2u^n(x) + u^n(x - \Delta x)}{(\Delta x)^2} \tag{1.12}$$

2階の偏導関数を2次精度の中心差分で近似すると，x における $u^n(x)$ の値と，その隣の $u^n(x + \Delta x)$ と $u^n(x - \Delta x)$ にそれぞれ $-2, 1, 1$ を掛けて足し合わせ，それを $(\Delta x)^2$ で割った式になる．さらに変形すれば，次式が得られる.

$$u^{n+1}(x) = u^n(x) + \frac{\kappa \Delta t}{(\Delta x)^2}\{u^n(x + \Delta x) - 2u^n(x) + u^n(x - \Delta x)\} \tag{1.13}$$

いま，長さ1で温度 $0°C$ の任意の物質を考える．左端 $x = 0$ を $1°C$，右端 $x = 1$ を $0°C$，$\kappa = \Delta x = 0.1$，$\Delta t = 0.05$ として，解が収束するまで計算した結果を図 1.4 に示す．左端と右端の温度差は拡散して，最終的には $x = 0$ の $1°C$ と $x = 1$

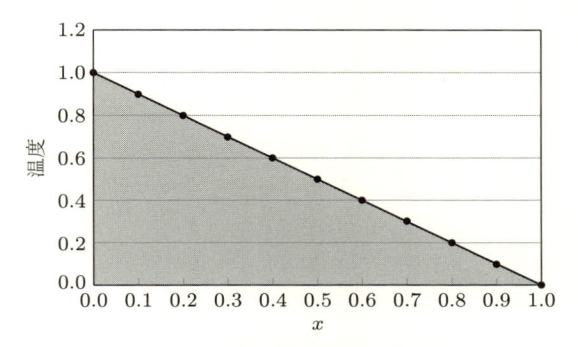

図 1.4 熱伝導方程式の計算結果（$\Delta t = 0.05$）

の $0°C$ を直線でつないだような温度分布になる．ところが，同じ問題を $\Delta t = 0.06$ で再計算してみると，**図 1.5** のように温度は波打ちながら発散する．現実的には当然このようなことは起こり得ない．これは数値振動（numerical oscillation）とよばれる数値計算特有の解の振動であり，非物理的な解である．じつは，線形安定性理論から $\Delta t = 0.05$ では安定，$\Delta t = 0.06$ では不安定になる（詳細は後述する）．パラメータがわずかに違うだけで，正確な解が得られないのが数値計算である．

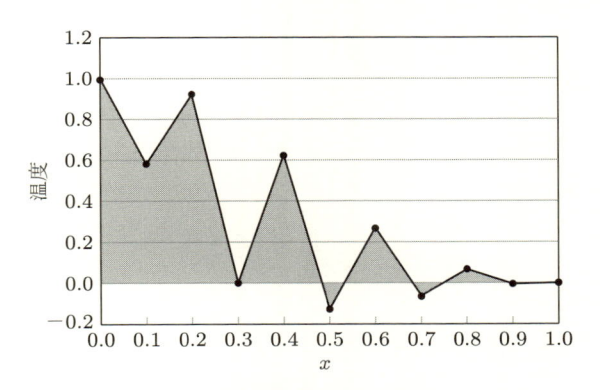

図 1.5 数値振動（$\Delta t = 0.06$）

　このように，同じ偏微分方程式を扱っているつもりでも，条件設定が微妙に異なったりコンピュータプログラムが違ったりするだけで，それぞれ解が異なる場合や解自体が得られない場合があるのが，数値計算の不思議なところであり，奥深さでもある．まして，ナビエ・ストークス方程式の正確な解を得るためには，様々な条件の設定や長大なプログラムの記述が必要になる．これが，CFD 研究の急速な発展の原動力となってきた．

　本書では，とくに CFD の知識のみならず，実際にプログラムを作成することを想定して，数理モデルや差分式の導出過程もできる限り省略せずに説明する．

2

偏微分方程式の基礎

2.1　常微分方程式と偏微分方程式

独立変数 x, 未知変数 y で, y の n 階までの導関数を, $y', y'', \cdots, y^{(n)}$ とするとき,

$$f(x, y, y', y'', \cdots, y^{(n)}) = 0 \tag{2.1}$$

が成り立つ. いま, 関数 $y(x)$ に関する常微分方程式は

$$y^{(n)} = f(x, y, y', \cdots, y^{(n-1)}) \tag{2.2}$$

と書くことができる. これは常微分方程式の正規形とよばれ, $y = y(x)$ はその解である.

一方, 偏微分方程式は, 二つ以上の独立変数, $x, y, \cdots$ をもち, さらに未知変数を u とすれば,

$$f(x, y, \cdots, u, u_x, u_y, \cdots, u_{xx}, u_{yy}, \cdots) = 0 \tag{2.3}$$

と表される. ここで, 下添え字の付いた変数である u_x, u_{xx} などは偏微分の省略形である. 実際には $\partial u/\partial x, \partial^2 u/\partial x^2$ になる. これらは偏導関数とよばれる.

2.2　基礎事項の定義

未知変数およびその偏導関数が多項式のとき, べき乗の最高次は次数 (degree), そして偏微分の最高次は階数 (order) とよばれる. 未知変数およびその偏導関数の次数がすべて 1 次の方程式は線形 (linear) になり, 線形以外のものは非線形 (nonlinear) になる.

たとえば, 次式は 1 階の偏微分方程式である.

$$F(u) \equiv a_1 \frac{\partial u}{\partial x_1} + a_2 \frac{\partial u}{\partial x_2} + \cdots + a_n \frac{\partial u}{\partial x_n} = 0 \tag{2.4}$$

ここで，$x_1, x_2, \cdots, x_n$ は独立変数，$u(x_1, x_2, \cdots, x_n)$ は未知変数である．式 (2.4) が線形であるためには，係数 a_i は次の関係を満足しなければならない．

$$a_i = a_i(x_1, x_2, \cdots, x_n) \quad (i = 1, 2, \cdots, n) \tag{2.5}$$

$u(x, y)$ を未知変数にもつ 2 階偏微分方程式は，次式のように 2 次以下の偏導関数からなる．

$$G\left(x, y, u, \frac{\partial u}{\partial x}, \frac{\partial u}{\partial y}, \frac{\partial^2 u}{\partial x^2}, \frac{\partial^2 u}{\partial x \partial y}, \frac{\partial^2 u}{\partial y^2}\right) = f(x, y) \tag{2.6}$$

いま，2 階 1 次線形偏微分方程式を，次式のように定義する．

$$A(x, y)\frac{\partial^2 u}{\partial x^2} + 2B(x, y)\frac{\partial^2 u}{\partial x \partial y} + C(x, y)\frac{\partial^2 u}{\partial y^2} + a(x, y)\frac{\partial u}{\partial x} + b(x, y)\frac{\partial u}{\partial y} + c(x, y)u$$
$$= f(x, y) \tag{2.7}$$

ただし，$A(x, y), B(x, y), \cdots, c(x, y), f(x, y)$ は，x, y からなる既知の関数とする．上式は，$f(x, y) \neq 0$ ならば非同次方程式（nonhomogeneous equation），$f(x, y) = 0$ ならば同次方程式（homogeneous equation）とよばれる．

また，

$$A(x, y)\frac{\partial^2 u}{\partial x^2} + 2B(x, y)\frac{\partial^2 u}{\partial x \partial y} + C(x, y)\frac{\partial^2 u}{\partial y^2} = f\left(x, y, u, \frac{\partial u}{\partial x}, \frac{\partial u}{\partial y}\right) \tag{2.8}$$

で右辺 f が未知変数 u または低次の偏導関数 $\partial u/\partial x, \partial u/\partial y$ について線形でない場合は，2 階準線形偏微分方程式とよばれる．

2.3 型の分類

2 階の偏微分方程式はその特徴から，大きく 3 種類の型に分類される．式 (2.8) を改めて次式のように定義する．

$$A\frac{\partial^2 u}{\partial x^2} + 2B\frac{\partial^2 u}{\partial x \partial y} + C\frac{\partial^2 u}{\partial y^2} = f \tag{2.9}$$

ここで，右辺の f はたかだか 1 階の偏導関数からなる関数とする．

$D = B^2 - AC$ とすれば，式 (2.9) は D の符号に応じて次のような型に分類される．

$$D > 0：双曲型（hyperbolic）$$
$$D = 0：放物型（parabolic）$$
$$D < 0：楕円型（elliptic）$$

これを，特性の理論（theory of characteristics）に基づき説明する．なお，特性の理論は，Courant と Hilbert により提案された理論であるが，内容が難解なのでその詳細についてここでは触れない．

いま，偏導関数を次のように変数に置き換える．

$$\frac{\partial u}{\partial x} = p, \quad \frac{\partial u}{\partial y} = q, \quad \frac{\partial^2 u}{\partial x^2} = r, \quad \frac{\partial^2 u}{\partial x \partial y} = s, \quad \frac{\partial^2 u}{\partial y^2} = t \tag{2.10}$$

すると，式 (2.9) は次式のように簡略化される．

$$Ar + 2Bs + Ct = f \tag{2.11}$$

ところで，p, q の全微分は，式 (2.10) の変数を用いて次のように定義される．

$$dp = \frac{\partial p}{\partial x}dx + \frac{\partial p}{\partial y}dy = rdx + sdy \tag{2.12a}$$

$$dq = \frac{\partial q}{\partial x}dx + \frac{\partial q}{\partial y}dy = sdx + tdy \tag{2.12b}$$

これらを r と t について解き，式 (2.11) に代入すれば，次式が得られる．

$$A\frac{dp - sdy}{dx} + 2Bs + C\frac{dq - sdx}{dy} = f \tag{2.13}$$

さらに s で整理すれば，次のような二つの項からなる式が導出される．

$$s\left\{A\left(\frac{dy}{dx}\right)^2 - 2B\left(\frac{dy}{dx}\right) + C\right\} - \left(A\frac{dp}{dx}\frac{dy}{dx} + C\frac{dq}{dx} - f\frac{dy}{dx}\right) = 0 \tag{2.14}$$

これが，すべての s に対してつねに成り立つためには，

$$A\left(\frac{dy}{dx}\right)^2 - 2B\frac{dy}{dx} + C = 0 \tag{2.15}$$

かつ，

$$A\frac{dp}{dx}\frac{dy}{dx} + C\frac{dq}{dx} - f\frac{dy}{dx} = 0 \tag{2.16}$$

でなければならない．式 (2.15) は，特性方程式（characteristic equation）とよば

れる．特性方程式は dy/dx の 2 次方程式になっており，その根（root）は次のように求められる．

$$\frac{dy}{dx} = \frac{B \pm \sqrt{B^2 - AC}}{A} \tag{2.17}$$

型を分類する $D = B^2 - AC$ は，特性方程式が $D > 0$ なら二つの実根（real root），$D = 0$ なら重根（duplicate root），$D < 0$ なら二つの複素根（imaginary root）になることと等価である．すなわち，特性方程式の根が二つの実根の場合は双曲型，重根の場合は放物型，二つの複素根の場合は楕円型に分類される．とくに，双曲型方程式の二つの実根は特性曲線（characteristic curve）の勾配に相当する．

一方，式 (2.16) は，$\lambda = dy/dx$ とおけば次式のようになる．

$$A\lambda \frac{dp}{dx} + C \frac{dq}{dx} - f\lambda = 0 \tag{2.18}$$

この式は，独立変数が x だけの常微分方程式になっている．

それぞれの型に当てはまる，次のような典型的な式がある．

$$\text{双曲型：} \quad \frac{\partial^2 u}{\partial x^2} - \frac{\partial^2 u}{\partial y^2} = 0 \tag{2.19}$$

$$\text{放物型：} \quad \frac{\partial^2 u}{\partial x^2} = \frac{\partial u}{\partial y} \tag{2.20}$$

$$\text{楕円型：} \quad \frac{\partial^2 u}{\partial x^2} + \frac{\partial^2 u}{\partial y^2} = 0 \tag{2.21}$$

双曲型方程式は波動方程式（wave equation），放物型方程式は y が t になれば熱伝導方程式（equation of heat conduction），楕円型方程式はラプラス方程式（Laplace equation）とよばれる．また，右辺が 0 でない場合はポアソン方程式（Poisson equation）になる．

2.4　一般座標系の偏微分方程式

一般座標系 $\xi = \xi(x, y)$, $\eta = \eta(x, y)$ を導入して，座標系をデカルト座標系 (x, y) から一般座標系 (ξ, η) に変換してみる．まず，変換のヤコビアン（Jacobian）は次のように定義され，0 ではないことが前提になる．

$$\frac{\partial(\xi, \eta)}{\partial(x, y)} = \begin{vmatrix} \partial\xi/\partial x & \partial\xi/\partial y \\ \partial\eta/\partial x & \partial\eta/\partial y \end{vmatrix} \neq 0 \tag{2.22}$$

デカルト座標系 (x, y) の 1 階偏導関数は，次のように一般座標系 $\xi = \xi(x, y)$ に変換される.

$$u_x = u_\xi \xi_x + u_\eta \eta_x, \quad u_y = u_\xi \xi_y + u_\eta \eta_y \tag{2.23}$$

ただし，下添え字は偏微分を表す．たとえば，$u_x = \partial u / \partial x, u_y = \partial u / \partial y$ である．さらに，2 階偏導関数は，上式をさらに偏微分することにより，次式のように導出される.

$$u_{xx} = u_{\xi\xi}\xi_x^2 + 2u_{\xi\eta}\xi_x\eta_x + u_{\eta\eta}\eta_x^2 + u_\xi\xi_{xx} + u_\eta\eta_{xx} \tag{2.24a}$$

$$u_{xy} = u_{\xi\xi}\xi_x\xi_y + u_{\xi\eta}(\xi_x\eta_y + \xi_y\eta_x) + u_{\eta\eta}\eta_x\eta_y + u_\xi\xi_{xy} + u_\eta\eta_{xy} \tag{2.24b}$$

$$u_{yy} = u_{\xi\xi}\xi_y^2 + 2u_{\xi\eta}\xi_y\eta_y + u_{\eta\eta}\eta_y^2 + u_\xi\xi_{yy} + u_\eta\eta_{yy} \tag{2.24c}$$

たとえば，具体的に u_{xx} を導出してみると，

$$\begin{aligned} u_{xx} &= (u_x)_x = (u_\xi\xi_x + u_\eta\eta_x)_x = (u_\xi)_x\xi_x + u_\xi\xi_{xx} + (u_\eta)_x\eta_x + u_\eta\eta_{xx} \\ &= \{(u_\xi)_\xi\xi_x + (u_\xi)_\eta\eta_x\}\xi_x + u_\xi\xi_{xx} + \{(u_\eta)_\xi\xi_x + (u_\eta)_\eta\eta_x\}\eta_x + u_\eta\eta_{xx} \\ &= u_{\xi\xi}\xi_x^2 + 2u_{\xi\eta}\xi_x\eta_x + u_{\eta\eta}\eta_x^2 + u_\xi\xi_{xx} + u_\eta\eta_{xx} \end{aligned}$$

となる．u_{xy}, u_{yy} も同様である.

　一般座標系の偏微分方程式は，求められた各偏導関数より次式のように導出される.

$$\alpha \frac{\partial^2 u}{\partial \xi^2} + 2\beta \frac{\partial^2 u}{\partial \xi \partial \eta} + \gamma \frac{\partial^2 u}{\partial \eta^2} = F\left(\xi, \eta, u, \frac{\partial u}{\partial \xi}, \frac{\partial u}{\partial \eta}\right) \tag{2.25}$$

ただし，

$$\alpha = A\left(\frac{\partial \xi}{\partial x}\right)^2 + 2B\frac{\partial \xi}{\partial x}\frac{\partial \xi}{\partial y} + C\left(\frac{\partial \xi}{\partial y}\right)^2$$

$$\beta = A\frac{\partial \xi}{\partial x}\frac{\partial \eta}{\partial x} + B\left(\frac{\partial \xi}{\partial x}\frac{\partial \eta}{\partial y} + \frac{\partial \eta}{\partial x}\frac{\partial \xi}{\partial y}\right) + C\frac{\partial \xi}{\partial y}\frac{\partial \eta}{\partial y}$$

$$\gamma = A\left(\frac{\partial \eta}{\partial x}\right)^2 + 2B\frac{\partial \eta}{\partial x}\frac{\partial \eta}{\partial y} + C\left(\frac{\partial \eta}{\partial y}\right)^2$$

である．上式から $\beta^2 - \alpha\gamma$ を計算すると，次式が得られる.

$$\beta^2 - \alpha\gamma = (B^2 - AC)\left(\frac{\partial \xi}{\partial x}\frac{\partial \eta}{\partial y} - \frac{\partial \xi}{\partial y}\frac{\partial \eta}{\partial x}\right)^2 \tag{2.26}$$

ここで，右辺第 2 項は変換のヤコビアンの 2 乗であり，つねに正である．したがって，一般座標系の偏微分方程式における型も $\beta^2 - \alpha\gamma$ の符号で分類できる.

さらに，特性曲線を導出してみる．式 (2.25) が双曲型方程式の場合には，$\beta^2 - \alpha\gamma > 0$ であることから，これを満足する必要条件は，$\alpha = 0$ もしくは $\gamma = 0$ である．ただし，$\beta \neq 0$ とする．すなわち，

$$\alpha = A\left(\frac{\partial \xi}{\partial x}\right)^2 + 2B\frac{\partial \xi}{\partial x}\frac{\partial \xi}{\partial y} + C\left(\frac{\partial \xi}{\partial y}\right)^2 = 0$$

もしくは

$$\gamma = A\left(\frac{\partial \eta}{\partial x}\right)^2 + 2B\frac{\partial \eta}{\partial x}\frac{\partial \eta}{\partial y} + C\left(\frac{\partial \eta}{\partial y}\right)^2 = 0$$

となる．ξ, η を ϕ に置き換えれば次式になる．

$$A\left(\frac{\partial \phi}{\partial x}\right)^2 + 2B\frac{\partial \phi}{\partial x}\frac{\partial \phi}{\partial y} + C\left(\frac{\partial \phi}{\partial y}\right)^2 = 0$$

さらに，上式は因数分解することで次のように変形される．

$$\left\{A\frac{\partial \phi}{\partial x} + \left(B + \sqrt{B^2 - AC}\right)\frac{\partial \phi}{\partial y}\right\}\left\{A\frac{\partial \phi}{\partial x} + \left(B - \sqrt{B^2 - AC}\right)\frac{\partial \phi}{\partial y}\right\} = 0 \tag{2.27}$$

ところで，ϕ の全微分 $d\phi$ は次式で定義される．

$$d\phi = \frac{\partial \phi}{\partial x}dx + \frac{\partial \phi}{\partial y}dy = \left(\frac{\partial \phi}{\partial x} + \frac{dy}{dx}\frac{\partial \phi}{\partial y}\right)dx \tag{2.28}$$

dy/dx は特性曲線の勾配にあたり，式 (2.17) で次のように導出されている．

$$\frac{dy}{dx} = \frac{B \pm \sqrt{B^2 - AC}}{A}$$

これを式 (2.28) に代入すれば，

$$d\phi = \left(\frac{\partial \phi}{\partial x} + \frac{B \pm \sqrt{B^2 - AC}}{A}\frac{\partial \phi}{\partial y}\right)dx \tag{2.29}$$

となり，式 (2.27) から $d\phi = 0$ になる．すなわち，$d\xi = 0$，$d\eta = 0$ であることから，結局，$\xi = \mathrm{const.}$，$\eta = \mathrm{const.}$ となる．これは一般座標系における特性曲線（実際には直線）に相当する．

2.5　2 階線形偏微分方程式の標準形

双曲型方程式の第 1 種標準形は，次式のように定義される．

$$\frac{\partial^2 u}{\partial \xi \partial \eta} = G\left(\xi, \eta, u, \frac{\partial u}{\partial \xi}, \frac{\partial u}{\partial \eta}\right) \tag{2.30}$$

ここで，$\phi = \xi + \eta$，$\psi = \xi - \eta$ とおけば，$u_\xi = u_\phi + u_\psi, u_\eta = u_\phi - u_\psi, u_{\xi\eta} = u_{\phi\phi} - u_{\psi\psi}$ となり，上式は次のように書き換えられる．

$$\frac{\partial^2 u}{\partial \phi^2} - \frac{\partial^2 u}{\partial \psi^2} = H\left(\phi, \psi, u, \frac{\partial u}{\partial \phi}, \frac{\partial u}{\partial \psi}\right) \tag{2.31}$$

これは第2種標準形とよばれ，とくに $H = 0$ の場合，波動方程式になる．すなわち，次のようになる．

$$\frac{\partial^2 u}{\partial \phi^2} - \frac{\partial^2 u}{\partial \psi^2} = 0 \tag{2.32}$$

放物型方程式の標準形は，次式で定義される．

$$\frac{\partial^2 u}{\partial \eta^2} = G\left(\xi, \eta, u, \frac{\partial u}{\partial \xi}, \frac{\partial u}{\partial \eta}\right) \tag{2.33}$$

右辺が $\partial u/\partial \xi$ であれば，上式は熱伝導方程式と同じ形になる．

楕円型方程式の標準形は，次式で定義される．

$$\frac{\partial^2 u}{\partial \xi^2} + \frac{\partial^2 u}{\partial \eta^2} = G\left(\xi, \eta, u, \frac{\partial u}{\partial \xi}, \frac{\partial u}{\partial \eta}\right) \tag{2.34}$$

右辺が 0 ならばラプラス方程式になり，0 でない場合にはポアソン方程式になる．

2.6　例題：偏微分方程式の解析解

　偏微分方程式は，簡単な場合には解析的に解くこともできる．ただし，その解法は概して煩雑である．ここでは，後述する差分法と対比してもらう意味も含めて，三つの型について変数分離法で解ける具体的な問題の解析解を求めてみる．

2.6.1　楕円型方程式

　ラプラス方程式

$$\frac{\partial^2 u}{\partial x^2} + \frac{\partial^2 u}{\partial y^2} = 0 \quad (0 \le x \le x_{\max}, \ 0 \le y \le y_{\max})$$

に対し，次の境界条件を満足する解析解を求める．

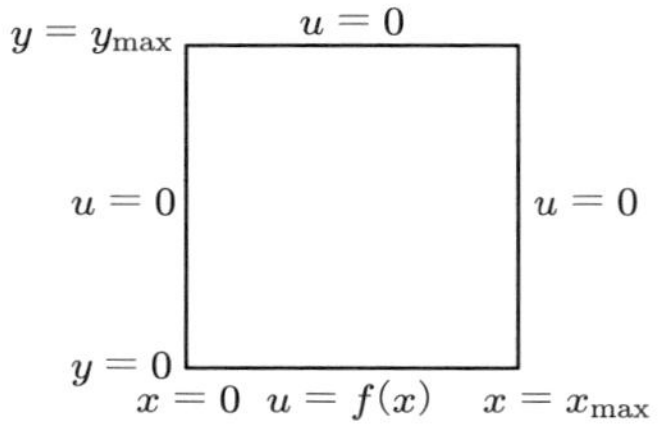

図2.1　与えられた境界条件

$$u(0,y) = u(x_{\max}, y) = 0$$
$$u(x,0) = f(x), \quad u(x, y_{\max}) = 0$$

図2.1 に，境界条件をまとめた．変数分離法を用いて，$u(x,y) = g(x)h(y)$ とおくと，次のようになる．

$$g''(x)h(y) = -g(x)h''(y)$$
$$\frac{g''(x)}{g(x)} = -\frac{h''(y)}{h(y)} = \lambda$$

これより，次の二つの常微分方程式が導出される．

$$g''(x) = \lambda g(x), \quad h''(y) = -\lambda h(y)$$

ところで，

$$0 \le \int_0^{x_{\max}} \{g'(x)\}^2 dx = [g(x)g'(x)]_0^{x_{\max}} - \int_0^{x_{\max}} g(x)g''(x)dx$$
$$= -\lambda \int_0^{x_{\max}} \{g(x)\}^2 dx$$

であるから，$\lambda < 0$ である．$\lambda = -\mu^2$ とおけば，

$$g''(x) = -\mu^2 g(x), \quad h''(y) = \mu^2 h(y)$$

となる．したがって，一般解は次のように求められる．

$$g(x) = a\cos\mu x + b\sin\mu x, \quad h(y) = Ae^{\mu y} + Be^{-\mu y}$$

$u(0,y) = u(x_{\max}, y) = 0$ より，

$$a = 0, \quad b\sin\mu x_{\max} = 0$$

となる．これより，$\mu = n\pi/x_{\max}$（n：整数）となり，

$$g_n(x) = b_n \sin\left(\frac{n\pi x}{x_{\max}}\right),$$

$$h_n(y) = A_n e^{n\pi y/x_{\max}} + B_n e^{-n\pi y/x_{\max}} \quad (n = 1, 2, \cdots)$$

である．$u_n(x,y) = g_n(x)h_n(y)$ より，

$$u_n(x,y) = \sin\left(\frac{n\pi x}{x_{\max}}\right)(A_n e^{n\pi y/x_{\max}} + B_n e^{-n\pi y/x_{\max}})$$

となる．ただし，$b_n = 1$ である．$u(x,y)$ は，$u_n(x,y)$ の和で表されるから，次のようになる．

$$u(x,y) = \sum_{n=1}^{\infty} \sin\left(\frac{n\pi x}{x_{\max}}\right)(A_n e^{n\pi y/x_{\max}} + B_n e^{-n\pi y/x_{\max}})$$

次に，$u(x, y_{\max}) = 0$ より，

$$u(x, y_{\max}) = \sum_{n=1}^{\infty} \sin\left(\frac{n\pi x}{x_{\max}}\right)(A_n e^{n\pi y_{\max}/x_{\max}} + B_n e^{-n\pi y_{\max}/x_{\max}}) = 0$$

である．これが成り立つためには，

$$A_n e^{n\pi y_{\max}/x_{\max}} = -B_n e^{-n\pi y_{\max}/x_{\max}} = C_n$$

でなければならない．これより，

$$u(x,y) = \sum_{n=1}^{\infty} C_n \sin\left(\frac{n\pi x}{x_{\max}}\right)\{e^{n\pi(y-y_{\max})/x_{\max}} - e^{-n\pi(y-y_{\max})/x_{\max}}\}$$

となる．ところで，

$$e^{\theta} = \cosh\theta + \sinh\theta, \quad e^{-\theta} = \cosh\theta - \sinh\theta$$

の関係が成り立つから，これを用いて，

$$u(x,y) = \sum_{n=1}^{\infty} C_n \sin\left(\frac{n\pi x}{x_{\max}}\right) \sinh\left\{\frac{n\pi(y - y_{\max})}{x_{\max}}\right\}$$

とできる．最後の境界条件より，次のようになる．

$$u(x,0) = f(x) = \sum_{n=1}^{\infty} C_n \sin\left(\frac{n\pi x}{x_{\max}}\right) \sinh\left(-\frac{n\pi y_{\max}}{x_{\max}}\right) \quad (2C_n \Rightarrow C_n)$$

ところで,

$$\int_0^\ell \sin\left(\frac{m\pi x}{\ell}\right)\sin\left(\frac{n\pi x}{\ell}\right)dx = \begin{cases} 0 & (m \neq n) \\ \ell/2 & (m = n) \end{cases}$$

という直交関係が成り立つことから,

$$\int_0^{x_{\max}} f(x)\sin\left(\frac{m\pi x}{x_{\max}}\right)dx$$
$$= \sum_{n=1}^\infty C_n \sinh\left(-\frac{n\pi y_{\max}}{x_{\max}}\right)\int_0^{x_{\max}}\sin\left(\frac{m\pi x}{x_{\max}}\right)\sin\left(\frac{n\pi x}{x_{\max}}\right)dx$$
$$= \frac{x_{\max}}{2}C_n \sinh\left(-\frac{n\pi y_{\max}}{x_{\max}}\right)$$

が導出される. これは $m = n$ でのみ成り立つから,

$$C_n = \frac{2}{x_{\max}}\frac{\displaystyle\int_0^{x_{\max}} f(x)\sin\left(\frac{n\pi x}{x_{\max}}\right)dx}{\sinh\left(-\dfrac{n\pi y_{\max}}{x_{\max}}\right)}$$

となる. したがって解は, 次のようになる.

$$u(x,y) = \frac{2}{x_{\max}}\sum_{n=1}^\infty \frac{\sinh\left\{\dfrac{n\pi(y-y_{\max})}{x_{\max}}\right\}}{\sinh\left(-\dfrac{n\pi y_{\max}}{x_{\max}}\right)}\sin\left(\frac{n\pi x}{x_{\max}}\right)\int_0^{x_{\max}} f(z)\sin\left(\frac{n\pi z}{x_{\max}}\right)dz$$

2.6.2　放物型方程式

次の境界・初期条件を満足する熱伝導方程式の解析解を求める.

$$\frac{\partial u}{\partial t} = k^2 \frac{\partial^2 u}{\partial x^2} \quad (0 \leq x \leq x_{\max},\ 0 \leq t)$$
$$u(0,t) = u(x_{\max},t) = 0, \quad u(x,0) = f(x)$$

図 2.2 に, 境界・初期条件をまとめた. 変数分離法を用いて, $u(x,t) = g(x)h(t)$ とおくと,

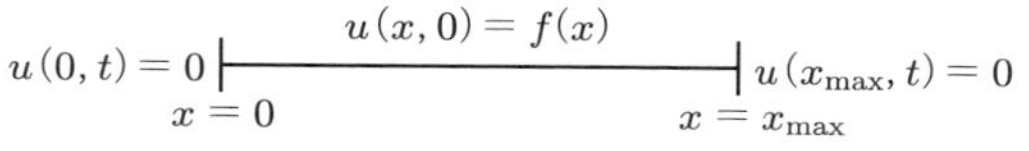

図 2.2　与えられた境界・初期条件

$$g(x)h'(t) = k^2 g'(x)h(t), \quad \frac{g''(x)}{g(x)} = \frac{h'(t)}{k^2 h(x)} = \lambda$$

となる．これより，二つの常微分方程式が導出される．

$$g''(x) = \lambda g(x), \quad h'(t) = \lambda k^2 h(t)$$

ところで，

$$0 \leq \int_0^{x_{\max}} \{g'(x)\}^2 dx = [g(x)g'(x)]_0^{x_{\max}} - \int_0^{x_{\max}} g(x)g''(x)dx$$
$$= \lambda \int_0^{x_{\max}} \{g(x)\}^2 dx$$

であるから，$\lambda < 0$ である．$\lambda = -\mu^2$ とおけば，

$$g''(x) = -\mu^2 g(x), \quad h'(t) = -\mu^2 k^2 h(t)$$

となる．したがって，一般解は次のようになる．

$$g(x) = a\cos\mu x + b\sin\mu x, \quad h(t) = Ae^{-\mu^2 k^2 t}$$

次に，$u(0,t) = u(x_{\max},t) = 0$ より，

$$a = 0, \quad b\sin\mu x_{\max} = 0$$

である．これより，$\mu = n\pi/x_{\max}$ （n：整数）となり，

$$g_n(x) = b_n \sin\left(\frac{n\pi x}{x_{\max}}\right), \quad h_n(t) = A_n e^{-n^2 k^2 \pi^2 t/x_{\max}^2} \quad (n = 1, 2, \cdots)$$

となる．$u_n(x,t) = g_n(x)h_n(t)$ より，

$$u_n(x,t) = A_n \sin\left(\frac{n\pi x}{x_{\max}}\right)e^{-n^2 k^2 \pi^2 t/x_{\max}^2}$$

が得られる．ただし，$b_n = 1$ である．$u(x,t)$ は，$u_n(x,t)$ の和で表されるから，次のようになる．

$$u(x,t) = \sum_{n=1}^{\infty} A_n \sin\left(\frac{n\pi x}{x_{\max}}\right)e^{-n^2 k^2 \pi^2 t/x_{\max}^2}$$

さらに，

$$u(x,0) = f(x) = \sum_{n=1}^{\infty} A_n \sin\left(\frac{n\pi x}{x_{\max}}\right)$$

である．ここで，

$$\int_0^\ell \sin\left(\frac{m\pi x}{\ell}\right)\sin\left(\frac{n\pi x}{\ell}\right)dx = \begin{cases} 0 & (m \neq n) \\ \ell/2 & (m = n) \end{cases}$$

という直交関係が成り立つことから，

$$\int_0^{x_{\max}} f(x)\sin\left(\frac{m\pi x}{x_{\max}}\right)dx = \sum_{n=1}^{\infty} A_n \int_0^{x_{\max}} \sin\left(\frac{m\pi x}{x_{\max}}\right)\sin\left(\frac{n\pi x}{x_{\max}}\right)dx$$

$$= \frac{x_{\max}}{2}A_n$$

が導出される．これは $m = n$ でのみ成り立つから，

$$A_n = \frac{2}{x_{\max}} \int_0^{x_{\max}} f(x)\sin\left(\frac{n\pi x}{x_{\max}}\right)dx$$

となる．したがって解は，次のようになる．

$$u(x,t) = \sum_{n=1}^{\infty} \frac{2}{x_{\max}} \sin\left(\frac{n\pi x}{x_{\max}}\right) e^{-n^2 k^2 \pi^2 t/x_{\max}^2} \int_0^{x_{\max}} f(z)\sin\left(\frac{n\pi z}{x_{\max}}\right)dz$$

2.6.3 双曲型方程式

波動方程式

$$\frac{\partial^2 u}{\partial t^2} = c^2 \frac{\partial^2 u}{\partial x^2} \quad (0 \leq x \leq x_{\max},\ 0 \leq t)$$

に対し，次の境界・初期条件を満足する解析解を求める．

$$u(0,t) = u(x_{\max}, t) = 0, \quad u(x,0) = f(x)$$

$$\left.\frac{\partial u(x,t)}{\partial t}\right|_{t=0} = F(x)$$

図 2.3 に境界・初期条件をまとめた．変数分離法を用いて，$u(x,t) = g(x)h(t)$ とおくと，

$$g(x)h''(t) = c^2 g''(x)h(t), \quad \frac{g''(x)}{g(x)} = \frac{h''(t)}{c^2 h(t)} = \lambda$$

となる．これより二つの常微分方程式が導出される．

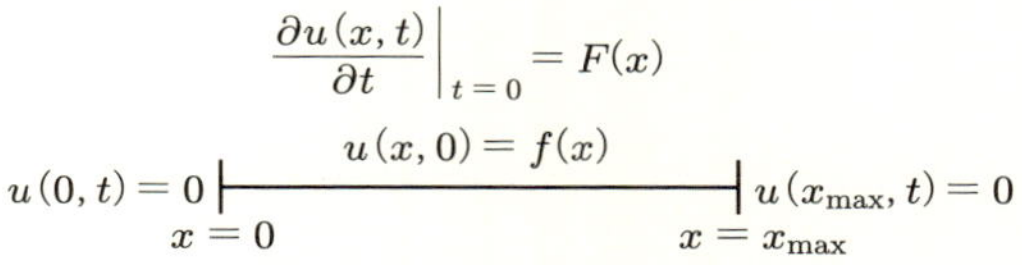

$$\left.\frac{\partial u(x,t)}{\partial t}\right|_{t=0} = F(x)$$

$$u(x,0) = f(x)$$

$$u(0,t) = 0 \ \underset{x=0}{\vdash}\!\underset{x=x_{\max}}{\dashv}\ u(x_{\max},t) = 0$$

図 2.3　与えられた境界・初期条件

$$g''(x) = \lambda g(x), \quad h''(t) = \lambda c^2 h(t)$$

ところで，

$$0 \le \int_0^{x_{\max}} \{g'(x)\}^2 dx = [g(x)g'(x)]_0^{x_{\max}} - \int_0^{x_{\max}} g(x)g''(x)dx$$

$$= -\lambda \int_0^{x_{\max}} \{g(x)\}^2 dx$$

であるから，$\lambda < 0$ である．$\lambda = -\mu^2$ とおけば，

$$g''(x) = -\mu^2 g(x), \quad h''(t) = -\mu^2 c^2 h(t)$$

となる．したがって，一般解は次のようになる．

$$g(x) = a\cos\mu x + b\sin\mu x, \quad h(t) = A\cos c\mu t + B\sin\mu ct$$

次に，$u(0,t) = u(x_{\max},t) = 0$ より，

$$a = 0, \quad b\sin\mu x_{\max} = 0$$

である．これより，$\mu = n\pi/x_{\max}$ （n：整数）となり，

$$g_n(x) = b_n \sin\left(\frac{n\pi x}{x_{\max}}\right), \quad h_n(t) = A_n\cos\left(\frac{n\pi ct}{x_{\max}}\right) + B_n\sin\left(\frac{n\pi ct}{x_{\max}}\right)$$

$$(n = 1, 2, \cdots)$$

となる．$u_n(x,t) = g_n(x)h_n(t)$ より，次式が得られる．

$$u_n(x,t) = \sin\left(\frac{n\pi x}{x_{\max}}\right)\left\{A_n\cos\left(\frac{n\pi ct}{x_{\max}}\right) + B_n\sin\left(\frac{n\pi ct}{x_{\max}}\right)\right\}$$

ただし，$b_n = 1$ である．$u(x,t)$ は，$u_n(x,t)$ の和で表されるから，次のようになる．

$$u(x,t) = \sum_{n=1}^{\infty}\sin\left(\frac{n\pi x}{x_{\max}}\right)\left\{A_n\cos\left(\frac{n\pi ct}{x_{\max}}\right) + B_n\sin\left(\frac{n\pi ct}{x_{\max}}\right)\right\}$$

さらに，

$$u(x,0) = f(x) = \sum_{n=1}^{\infty} A_n \sin\left(\frac{n\pi x}{x_{\max}}\right)$$

$$\left.\frac{\partial u(x,t)}{\partial t}\right|_{t=0} = F(x) = \sum_{n=1}^{\infty} B_n \frac{n\pi c}{x_{\max}} \sin\left(\frac{n\pi x}{x_{\max}}\right)$$

である．ここで，

$$\int_0^\ell \sin\left(\frac{m\pi x}{\ell}\right) \sin\left(\frac{n\pi x}{\ell}\right) dx = \begin{cases} 0 & (m \neq n) \\ \ell/2 & (m = n) \end{cases}$$

という直交関係が成り立つことから，

$$\int_0^{x_{\max}} f(x) \sin\left(\frac{m\pi x}{x_{\max}}\right) dx = \sum_{n=1}^{\infty} A_n \int_0^{x_{\max}} \sin\left(\frac{m\pi x}{x_{\max}}\right) \sin\left(\frac{n\pi x}{x_{\max}}\right) dx$$
$$= \frac{x_{\max}}{2} A_n$$

が導出される．これは $m = n$ でのみ成り立つから，次のようになる．

$$A_n = \frac{2}{x_{\max}} \int_0^{x_{\max}} f(x) \sin\left(\frac{n\pi x}{x_{\max}}\right) dx$$

同様に，

$$\int_0^{x_{\max}} F(x) \sin\left(\frac{m\pi x}{x_{\max}}\right) dx = \sum_{n=1}^{\infty} B_n \frac{n\pi c}{x_{\max}} \int_0^{x_{\max}} \sin\left(\frac{m\pi x}{x_{\max}}\right) \sin\left(\frac{n\pi x}{x_{\max}}\right) dx$$
$$= \frac{n\pi c}{2} B_n$$

である．これより，

$$B_n = \frac{2}{n\pi c} \int_0^{x_{\max}} F(x) \sin\left(\frac{n\pi x}{x_{\max}}\right) dx$$

となる．したがって解は，次のようになる．

$$u(x,t) = \sum_{n=1}^{\infty} \sin\left(\frac{n\pi x}{x_{\max}}\right) \left\{ \cos\left(\frac{n\pi ct}{x_{\max}}\right) \frac{2}{x_{\max}} \int_0^{x_{\max}} f(z) \sin\left(\frac{n\pi z}{x_{\max}}\right) dz \right.$$
$$\left. + \frac{2}{n\pi c} \sin\left(\frac{n\pi ct}{x_{\max}}\right) \int_0^{x_{\max}} F(z) \sin\left(\frac{n\pi z}{x_{\max}}\right) dz \right\}$$

　変数分離法が適用できる範囲で，楕円型方程式，放物型方程式，双曲型方程式の解析解を求めてみた．解き方はほぼ同じである．最終的に求められた解は数学的にはエレガントであり，独立変数値を与えるだけで解を求めることができる．しかしながら，このように解析解が求められる偏微分方程式の問題はごく限られた境界条件に基づくものであり，解は概して複雑な式になる．実用的な問題で解析的に解を求めるのは一般に困難で，コンピュータによる数値計算で数値解を求めるしかない．

3

差分法

3.1 テイラー展開と差分近似式

差分法（FDM）は，CFD では最も広く使われている数値計算法である．本書で用いる数値計算法はすべて差分法に基づいている．まずは差分法の原点であるテイラー展開から説明する．

x 座標上の任意の点における未知変数 $u(x)$ の微分 du/dx は，次式で定義される．

$$\frac{du}{dx} = \lim_{\Delta x \to 0} \frac{u(x + \Delta x) - u(x)}{\Delta x} \tag{3.1}$$

これは，Δx だけ離れた 2 点間での値の変化率を考えたとき，その間隔 Δx を限りなく小さくしていくと，微分 du/dx が求められることを意味する．

式 (3.1) は，テイラー展開（Taylor's expansion）により漸化式に書き換えることができる．まず，$u(x + \Delta x)$ をテイラー展開すると次式のようになる．

$$u(x + \Delta x) = u(x) + \Delta x \frac{du(x)}{dx} + \frac{(\Delta x)^2}{2!} \frac{d^2 u(x)}{dx^2} + \cdots + \frac{(\Delta x)^{n-1}}{(n-1)!} \frac{d^{n-1} u(x)}{dx^{n-1}} + \frac{(\Delta x)^n}{n!} \frac{d^n u(\xi)}{dx^n} \tag{3.2}$$

ただし，$x < \xi < x + \Delta x$ である．この式を du/dx について解くと，

$$\frac{du(x)}{dx} = \frac{u(x + \Delta x) - u(x)}{\Delta x} - \frac{\Delta x}{2!} \frac{d^2 u(x)}{dx^2} - \cdots - \frac{(\Delta x)^{n-2}}{(n-1)!} \frac{d^{n-1} u(x)}{dx^{n-1}} - \frac{(\Delta x)^{n-1}}{n!} \frac{d^n u(\xi)}{dx^n} \tag{3.3}$$

が得られる．この式の右辺は第 1 項が差分式になり，第 2 項からは高階微分の多項式である．たとえば，第 2 項以降をすべて無視すると，その打ち切り誤差（truncation error）のオーダーは $O(\Delta x)$ となり，次式に帰着する．

$$\frac{du(x)}{dx} = \frac{u(x + \Delta x) - u(x)}{\Delta x} + O(\Delta x) \tag{3.4}$$

これは 1 次精度差分近似式 (first-order finite-difference approximation) とよばれる.

du/dx は, x の前後に Δx 離れた 2 点の値から計算することもできる. $u(x-\Delta x)$ についても同様にテイラー展開すると,

$$
\begin{aligned}
u(x - \Delta x) = u(x) + (-\Delta x)\frac{du(x)}{dx} + \frac{(-\Delta x)^2}{2!}\frac{d^2 u(x)}{dx^2} + \cdots \\
+ \frac{(-\Delta x)^{n-1}}{(n-1)!}\frac{d^{n-1}u(x)}{dx^{n-1}} + \frac{(-\Delta x)^n}{n!}\frac{d^n u(\xi)}{dx^n}
\end{aligned}
\tag{3.5}
$$

となる. したがって, 式 (3.2) の $u(x + \Delta x)$ と式 (3.5) の $u(x - \Delta x)$ を用いると, 次のようになる.

$$
\begin{aligned}
\frac{du(x)}{dx} &= \frac{u(x + \Delta x) - u(x - \Delta x)}{2\Delta x} - \frac{(\Delta x)^2}{12}\frac{d^3 u}{dx^3} + \cdots \\
&= \frac{u(x + \Delta x) - u(x - \Delta x)}{2\Delta x} + O((\Delta x)^2)
\end{aligned}
\tag{3.6}
$$

この式は 2 次精度中心差分近似式 (second-order central-difference approximation) とよばれる.

さて, ここで式を簡略化するため, 表記方法を変更する. 差分法では空間を格子点 (grid point) とよばれる有限個の離散点に置き換えて, その点上のみで計算する. これ以降は, 図 3.1 のように格子点に格子番号 j を割り当てて, その j 格子点上の未知変数を u_j とする.

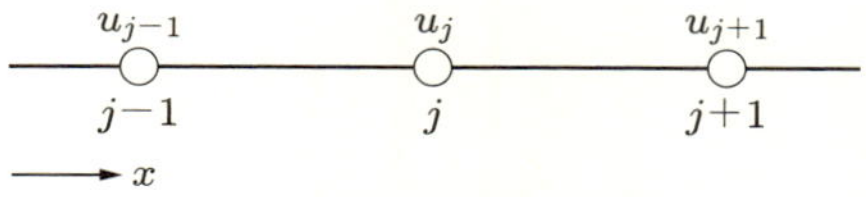

図 3.1　格子点と未知変数の定義

du/dx の j 格子点における 1 次精度差分近似式は, その差分点の取り方により, 次式のように前進差分 (forward difference), もしくは後退差分 (backward difference) で差分近似される.

$$
\text{前進差分:}\quad \left(\frac{du}{dx}\right)_j = \frac{u_{j+1} - u_j}{\Delta x}
\tag{3.7a}
$$

$$
\text{後退差分:}\quad \left(\frac{du}{dx}\right)_j = \frac{u_j - u_{j-1}}{\Delta x}
\tag{3.7b}
$$

一方, 2 次精度中心差分近似式は, 次のように定義される.

$$\left(\frac{du}{dx}\right)_j = \frac{u_{j+1} - u_{j-1}}{2\Delta x} \tag{3.8}$$

さらに，2階微分 d^2u/dx^2 は，2次精度中心差分で次のように導出される．

$$\left(\frac{d^2u}{dx^2}\right)_j = \frac{u_{j+1} - 2u_j + u_{j-1}}{(\Delta x)^2} \tag{3.9}$$

これはもともと

$$\left(\frac{d^2u}{dx^2}\right)_j = \left\{\frac{d}{dx}\left(\frac{du}{dx}\right)\right\}_j \tag{3.10}$$

であり，まず du/dx が先に差分近似される．式 (3.9) を導出するために，便宜上，図 3.2 のように仮の中間格子点 $j \pm 1/2$ を定義する．

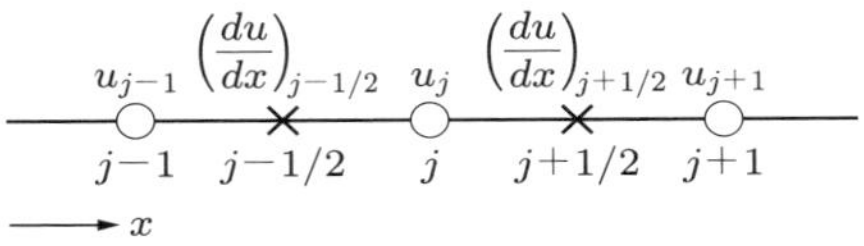

図 3.2　中間格子点 $j \pm 1/2$

中間格子点 $j \pm 1/2$ 上の値 $(du/dx)_{j\pm1/2}$ を使って，式 (3.10) を 2 次精度中心差分近似すれば，次式のように近似される．

$$\left(\frac{d^2u}{dx^2}\right)_j = \frac{(du/dx)_{j+1/2} - (du/dx)_{j-1/2}}{\Delta x} \tag{3.11}$$

また，$(du/dx)_{j\pm1/2}$ は中間格子点 $j \pm 1/2$ で次のように 2 次精度中心差分近似される．

$$\left(\frac{du}{dx}\right)_{j+1/2} = \frac{u_{j+1} - u_j}{\Delta x}, \quad \left(\frac{du}{dx}\right)_{j-1/2} = \frac{u_j - u_{j-1}}{\Delta x} \tag{3.12}$$

上式を式 (3.11) に代入すれば，式 (3.9) が導出される．

3.2　楕円型方程式の差分解法

3.2.1　ポアソン方程式

楕円型方程式の標準形である，次のポアソン方程式について差分近似してみる．

$$\nabla^2 u = \frac{\partial^2 u}{\partial x^2} + \frac{\partial^2 u}{\partial y^2} = f(x, y) \tag{3.13}$$

　いま，図 3.3 のように直交格子上の離散点からなる計算格子と境界条件を与える．すなわち，$\partial u/\partial x = 0$ $(i = 1)$, $u = 0$ $(i = i_{\max})$, $\partial u/\partial y = 0$ $(j = 1)$, $u = 0$ $(j = j_{\max})$ とする．ただし，$0 \le x \le x_{\max}, 0 \le y \le y_{\max}$ である．図 3.3 に示す計算格子の各点における座標は (x_i, y_j) と表される．x, y 方向に格子間隔を $\Delta x, \Delta y$ とすれば，$x_i = (i-1)\Delta x, y_j = (j-1)\Delta y$ と表すこともできる．ただし，$i = 1, \cdots, i_{\max}, j = 1, \cdots, j_{\max}$ である．

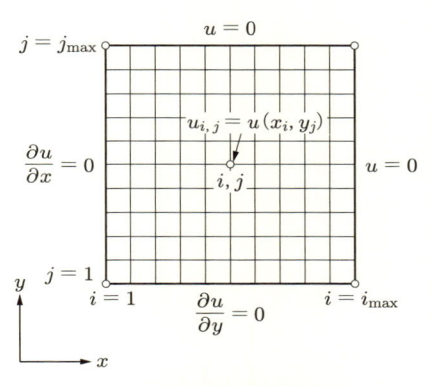

図 3.3　計算格子と境界条件

　偏導関数 $\partial^2 u/\partial x^2$, $\partial^2 u/\partial y^2$ は，各格子点で次のように 2 次精度中心差分近似される．

$$\left(\frac{\partial^2 u}{\partial x^2}\right)_{i,j} = \frac{u_{i-1,j} - 2u_{i,j} + u_{i+1,j}}{(\Delta x)^2} \quad (i \ne 1, i_{\max}) \tag{3.14}$$

$$\left(\frac{\partial^2 u}{\partial y^2}\right)_{i,j} = \frac{u_{i,j-1} - 2u_{i,j} + u_{i,j+1}}{(\Delta y)^2} \quad (j \ne 1, j_{\max}) \tag{3.15}$$

したがって，式 (3.13) は，次式のように差分近似される．

$$\frac{u_{i-1,j} - 2u_{i,j} + u_{i+1,j}}{(\Delta x)^2} + \frac{u_{i,j-1} - 2u_{i,j} + u_{i,j+1}}{(\Delta y)^2} = f_{i,j} \tag{3.16}$$

3.2.2　境界条件

　偏微分方程式の解を求めるためには，境界条件が欠かせない．楕円型方程式の問題は境界値問題 (boundary value problem) ともよばれる．未知変数である u そのものを与える境界条件は，ディリクレ境界条件 (Dirichlet's boundary condition), もしくは第 1 種境界条件とよばれる．この場合，境界上の解はすでに与えられてい

るので，改めて境界で差分式を解く必要はない.

　一方，未知変数 u の 1 階微分を与える境界条件は，ノイマン境界条件 (Neumann's boundary condition)，もしくは第 2 種境界条件とよばれる. この場合，u は未知なので，境界でも計算する必要がある.

　たとえば，図 3.4 のように格子点 $i = 1$ が境界上にあるとする. ここにノイマン境界条件 $(\partial u/\partial x)_1 = 0$ が与えられた場合，u_1 は未知である. したがって，この点において差分近似式を解く必要がある. ところが，式 (3.16) の $u_{i-1,j}$ は図 3.4 では定義できない. これを解決するためには，定義された格子点のみを用いた差分近似式を使う必要がある.

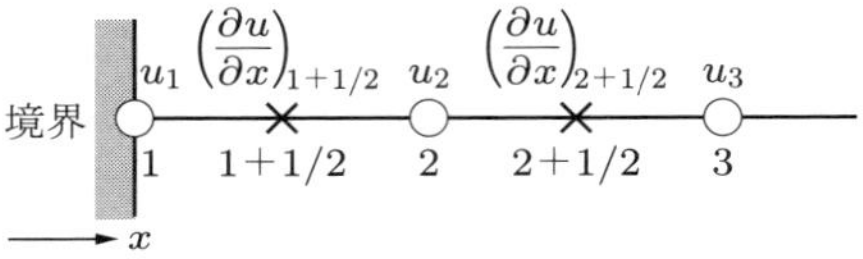

図 3.4　境界およびその近傍格子点の定義

　いま，図 3.4 のように，中間格子点 $1+1/2$ で仮に $(\partial u/\partial x)_{1+1/2}$ を定義すれば，境界における $(\partial^2 u/\partial x^2)_1$ は，次式のように片側から差分近似できる.

$$\left(\frac{\partial^2 u}{\partial x^2}\right)_1 = \frac{(\partial u/\partial x)_{1+1/2} - (\partial u/\partial x)_1}{\Delta x/2} \tag{3.17}$$

ここで，

$$\left(\frac{\partial u}{\partial x}\right)_{1+1/2} = \frac{u_2 - u_1}{\Delta x}, \quad \left(\frac{\partial u}{\partial x}\right)_1 = 0 \tag{3.18}$$

であるから，式 (3.17) は，最終的に次式のような差分近似式として導出される.

$$\left(\frac{\partial^2 u}{\partial x^2}\right)_1 = \frac{2(u_2 - u_1)}{(\Delta x)^2} \tag{3.19}$$

ただし，これは 1 次精度の差分近似式になる. このように片側の点のみによる差分は，片側差分とよばれる. 図 3.3 で与えられた境界条件では，$j = 1$ の境界でも同様に片側差分する必要がある.

3.2.3　例題：ラプラス方程式の差分解法

　差分法による数値計算の理解を深めるために，ラプラス方程式を手計算で解く方法を紹介する. ここでは例題として，図 3.5 のような 9 点の計算格子を考える.

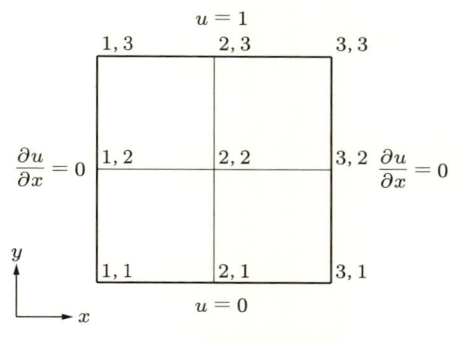

図 3.5　計算格子と境界条件

　9 点の問題でも十分に差分計算できる．格子点 (i, j) は，ここでは $i = 1, 2, 3$, $j = 1, 2, 3$ のみになる．境界条件として，上辺にある $(1, 3)$, $(2, 3)$, $(3, 3)$ に $u = 1$, 下辺にある $(1, 1)$, $(2, 1)$, $(3, 1)$ に $u = 0$ を与える．左辺と右辺にある $(1, 2)$ ならびに $(3, 2)$ には，ノイマン境界条件 $\partial u / \partial x = 0$ を与える．この問題で u が未知である格子点は $(1, 2)$, $(2, 2)$, $(3, 2)$ の 3 点である．ラプラス方程式の 2 次精度差分近似式は，

$$\frac{u_{i+1,j} - 2u_{i,j} + u_{i-1,j}}{(\Delta x)^2} + \frac{u_{i,j+1} - 2u_{i,j} + u_{i,j-1}}{(\Delta y)^2} = 0$$

となる．簡単にするため，$\Delta x = \Delta y = 1$ とすれば，格子点 $(2, 2)$ における差分近似式は，

$$u_{3,2} - 2u_{2,2} + u_{1,2} + u_{2,3} - 2u_{2,2} + u_{2,1} = 0$$

となり，同じ項をまとめれば，次のようになる．

$$u_{3,2} + u_{1,2} + u_{2,3} + u_{2,1} - 4u_{2,2} = 0$$

　一方，格子点 $(1, 2)$, $(3, 2)$ についてはノイマン境界条件が与えられているので，片側差分近似する．格子点 $(1, 2)$ における $\partial^2 u / \partial x^2$ の片側差分近似式は，式 (3.19) から次のようになる．

$$\left(\frac{\partial^2 u}{\partial x^2} \right)_{1,2} = 2(u_{2,2} - u_{1,2})$$

　これより，格子点 $(1, 2)$ における差分近似式は，

$$2(u_{2,2} - u_{1,2}) + u_{1,3} - 2u_{1,2} + u_{1,1} = 0$$

となり，同じ項をまとめれば，次のようになる．

$$-4u_{1,2} + u_{1,3} + u_{1,1} + 2u_{2,2} = 0$$

同様に，格子点 $(3,2)$ では，次のようになる．

$$\left(\frac{\partial^2 u}{\partial x^2}\right)_{3,2} = -2(u_{3,2} - u_{2,2})$$

格子点 $(3,2)$ における差分近似式は，

$$-2(u_{3,2} - u_{2,2}) + u_{3,3} - 2u_{3,2} + u_{3,1} = 0$$

となり，同じ項をまとめれば，次のようになる．

$$-4u_{3,2} + u_{3,3} + u_{3,1} + 2u_{2,2} = 0$$

結局，格子点 $(1,2)$, $(2,2)$, $(3,2)$ における差分近似式は以下のようにまとめられる．

$$-4u_{1,2} + u_{1,3} + u_{1,1} + 2u_{2,2} = 0$$
$$u_{3,2} + u_{1,2} + u_{2,3} + u_{2,1} - 4u_{2,2} = 0$$
$$-4u_{3,2} + u_{3,3} + u_{3,1} + 2u_{2,2} = 0$$

ここで，格子点 $(1,3)$, $(2,3)$, $(3,3)$ では $u = 1$，格子点 $(1,1)$, $(2,1)$, $(3,1)$ では $u = 0$ であるから，

$$-4u_{1,2} + 1 + 0 + 2u_{2,2} = 0$$
$$u_{3,2} + u_{1,2} + 1 + 0 - 4u_{2,2} = 0$$
$$-4u_{3,2} + 1 + 0 + 2u_{2,2} = 0$$

となる．これら三つの式からなる連立 1 次方程式を解けば，

$$u_{1,2} = u_{2,2} = u_{3,2} = 0.5$$

となり，手計算で数値解が得られる．ラプラス方程式の差分法による数値計算は，連立 1 次方程式の計算に帰着する．ここでの問題は 9 点の差分計算だが，1 億点の場合にもまったく同じである．ただし，手計算できないので，代わりにコンピュータで計算する．じつは，この問題は物理的な解釈を導入すれば，解く前に答えがわかる．たとえば，無限に広がった一様な厚さのある金属平板を想像してみる．上面

を温度 $1°C$，下面を温度 $0°C$ とすれば，金属平板の厚さ方向中心部の温度は何度になるだろうか．均一で一様な物質であれば，中間の温度，すなわち $0.5°C$ になるはずである．ノイマン境界条件として与えた $\partial u/\partial x = 0$ は，x 方向に u の勾配がないことを意味している．

3.2.4 直接法と反復法

偏微分方程式の差分法は，最終的には連立 1 次方程式に帰着する．したがって，連立 1 次方程式を解くための具体的な数値計算法が必要になる．これには各種方法があるが，大別して直接法（direct method）と反復法（relaxation method）に分けられる．代表的な直接法には，ガウスの消去法（Gauss elimination）や LU 分解法などがある．比較的小規模な計算には直接法が適している．一方，直接法は大規模な連立 1 次方程式の計算には不向きなので，そのような場合は反復法が用いられる．以下には，ラプラス方程式を反復法で解く場合について，代表的な例を説明する．

ラプラス方程式の差分近似式を，任意の格子点 (i, j) に対して改めて定義すれば，

$$\frac{u_{i+1,j} - 2u_{i,j} + u_{i-1,j}}{(\Delta x)^2} + \frac{u_{i,j+1} - 2u_{i,j} + u_{i,j-1}}{(\Delta y)^2} = 0 \tag{3.20}$$

となる．ここで，$\Delta x = \Delta y$ とすれば次式が得られる．

$$u_{i,j} = \frac{1}{4}(u_{i+1,j} + u_{i-1,j} + u_{i,j+1} + u_{i,j-1}) \tag{3.21}$$

これは，隣接する $u_{i+1,j}$, $u_{i-1,j}$, $u_{i,j+1}$, $u_{i,j-1}$ から $u_{i,j}$ を計算する単純な式になっている．この式に反復回数（iteration number）として n を当てはめた式は，次のようになる．

$$u_{i,j}^{n+1} = \frac{1}{4}(u_{i+1,j}^n + u_{i-1,j}^n + u_{i,j+1}^n + u_{i,j-1}^n) \tag{3.22}$$

上式における n は，1.2 節で述べた時間ステップとは異なることに注意してほしい．反復法では，適当な初期値から出発して，解が収束するまで計算を繰り返す．その計算の繰り返し回数が n である．式 (3.22) は n 回目の計算で得られた値のみから $u_{i,j}^{n+1}$ の値を求める式になっており，このような方法はヤコビ法（Jabobi method）とよばれる．2 次元のヤコビ法では，$u_{i,j}^{n+1}$ は周りの 4 点から計算される．$n+1$ 回目の反復計算では，n 回目の反復計算の結果は既知であり，任意の (i, j) 点におけ

る計算はすべて独立に行える．すなわち並列計算が可能なので，すべての格子点に演算コアを割り当てて計算すれば，1 反復計算は 1 回の計算で済む（ただし，ここでは並列計算は考えないことにする）．

　ヤコビ法は，式 (3.22) を繰り返して，最終的に $n+1$ 回目の計算結果と n 回目の計算結果が同じになれば，解が収束したと判断される．この反復回数を減らすことができる反復法として，ガウス・ザイデル法（Gauss–Seidel method）がある．ガウス・ザイデル法では，図 3.6 に示すような，ハイパーライン（hyper line）とよばれる掃引により計算される．すなわち，図中のハイパーラインに付いた矢印の方向に向かって計算する．すると，ハイパーラインが通過した点での値は更新されて，$n+1$ 回目の計算結果になる．

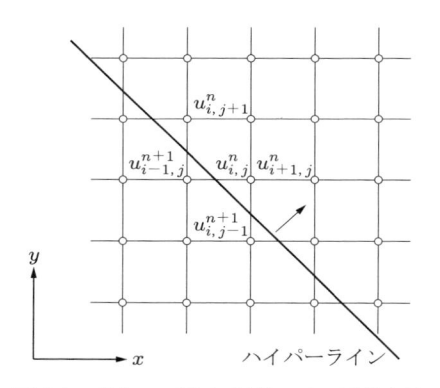

図 3.6　ガウス・ザイデル法による計算方法

　これを式で記述すれば，次式のようになる．

$$u_{i,j}^{n+1} = \frac{1}{4}(u_{i+1,j}^n + u_{i-1,j}^{n+1} + u_{i,j+1}^n + u_{i,j-1}^{n+1}) \tag{3.23}$$

すでに更新された点の値を使うことにより，反復回数を約半分に減らすことができる．

　ガウス・ザイデル法の反復回数をさらに減らすために，式 (3.23) の $u_{i,j}^{n+1}$ を $(u_{i,j}^{n+1})_{GS}$ とおいて，次式を定義する．

$$u_{i,j}^{n+1} = \omega(u_{i,j}^{n+1})_{GS} + (1-\omega)u_{i,j}^n \tag{3.24}$$

これは，n 回目の計算で求められた $u_{i,j}^n$ とガウス・ザイデル法で求められた値を，緩和係数 ω により線形結合し，$u_{i,j}^{n+1}$ を求めるという式になっている．線形結合

では通常，$0 < \omega < 1$ であるが，ここでは $1 < \omega$ になる．それゆえ，この ω は過緩和係数（over-relaxation parameter）とよばれる．$1 < \omega$ はガウス・ザイデル法の値を過大評価することを意味する．理論的には，$\omega < 2$ であり，経験的に 1.5 近傍の値が設定されることが多い．$\omega = 1.5$ とすれば，この方法はヤコビ法に比べて反復回数が 1/3 程度で済むことになる．この方法は，SOR 法（successive over-relaxation method）[1]とよばれる．楕円型方程式の差分法には SOR 法が最も広く用いられている．

一方，直接法で解く方法として，ADI 法（alternating direction implicit method, 交互方向陰解法）がある．ADI 法では，次式のように，2 段階からなる差分式が解かれる．

$$u_{i-1,j}^{n+1} - 2u_{i,j}^{n+1} + u_{i+1,j}^{n+1} = -u_{i,j-1}^{n} + 2u_{i,j}^{n} - u_{i,j+1}^{n} \tag{3.25a}$$

$$u_{i,j-1}^{n+2} - 2u_{i,j}^{n+2} + u_{i,j+1}^{n+2} = -u_{i-1,j}^{n+1} + 2u_{i,j}^{n+1} - u_{i+1,j}^{n+1} \tag{3.25b}$$

ここで，左辺は未知の変数であり，右辺は既知の変数である．第 1 式は x 方向，第 2 式は y 方向に直接法を用いれば，未知の変数を同時にそれぞれ 1 回の計算で更新することができる．未知の変数を同時に解く方法は陰解法（implicit method）とよばれ，ヤコビ法のようにすべて既知の値から求める方法は陽解法（explicit method）とよばれるが，この方法は，反復回数ごとに陰解法が x 方向，y 方向と交互に用いられる．これがこの方法の呼称の由来となっている．

3.2.5 3 次元ポテンシャル流れの SOR 解法

3 次元ポテンシャル流れを SOR 法で解いてみる．ポテンシャル流れとは，流れの速度成分 (u, v, w) が，ポテンシャル ϕ の微分で与えられると仮定した流れで，次のように定義される．

$$u = \frac{\partial \phi}{\partial x}, \quad v = \frac{\partial \phi}{\partial y}, \quad w = \frac{\partial \phi}{\partial z} \tag{3.26}$$

非圧縮性流れを支配する方程式は，連続の式と運動方程式である．このうち，連続の式は次式で定義される．

$$\frac{\partial u}{\partial x} + \frac{\partial v}{\partial y} + \frac{\partial w}{\partial z} = 0 \tag{3.27}$$

この式にポテンシャルの微分で定義された速度成分を代入すれば，次式のように

なる.

$$\frac{\partial^2 \phi}{\partial x^2} + \frac{\partial^2 \phi}{\partial y^2} + \frac{\partial^2 \phi}{\partial z^2} = 0 \tag{3.28}$$

これは 3 次元ラプラス方程式であることがわかる. ところで, 3 次元非圧縮性流れの渦度ベクトルは

$$\left(\frac{\partial w}{\partial y} - \frac{\partial v}{\partial z}, \quad \frac{\partial u}{\partial z} - \frac{\partial w}{\partial x}, \quad \frac{\partial v}{\partial x} - \frac{\partial u}{\partial y} \right)$$

であり, ここにポテンシャルの微分で定義された速度を代入すると, すべての成分が 0 になる. すなわち, ポテンシャル流れは渦なし流れと等価である. ポテンシャル流れを支配する 3 次元ラプラス方程式を差分近似すると, 次式が得られる.

$$\frac{\phi_{i+1,j,k} - 2\phi_{i,j,k} + \phi_{i-1,j,k}}{(\Delta x)^2} + \frac{\phi_{i,j+1,k} - 2\phi_{i,j,k} + \phi_{i,j-1,k}}{(\Delta y)^2}$$
$$+ \frac{\phi_{i,j,k+1} - 2\phi_{i,j,k} + \phi_{i,j,k-1}}{(\Delta z)^2} = 0 \tag{3.29}$$

なお, z 方向には新たに格子点 k を導入している. さらに, $\phi_{i,j,k}$ の式に変形すれば,

$$\phi_{i,j,k} = \frac{1}{L} \left\{ \frac{\phi_{i+1,j,k} + \phi_{i-1,j,k}}{(\Delta x)^2} + \frac{\phi_{i,j+1,k} + \phi_{i,j-1,k}}{(\Delta y)^2} + \frac{\phi_{i,j,k+1} + \phi_{i,j,k-1}}{(\Delta z)^2} \right\} \tag{3.30}$$

となる. ただし, $L = 2/(\Delta x)^2 + 2/(\Delta y)^2 + 2/(\Delta z)^2$ である. これに SOR 法を適用すれば,

$$\phi_{i,j,k}^{n+1} = (1 - \omega)\phi_{i,j,k}^{n+1}$$
$$+ \frac{\omega}{L} \left\{ \frac{\phi_{i+1,j,k}^{n+1} + \phi_{i-1,j,k}^{n+1}}{(\Delta x)^2} + \frac{\phi_{i,j+1,k}^{n+1} + \phi_{i,j-1,k}^{n+1}}{(\Delta y)^2} + \frac{\phi_{i,j,k+1}^{n+1} + \phi_{i,j,k-1}^{n+1}}{(\Delta z)^2} \right\} \tag{3.31}$$

となる. この式を反復計算すれば, 解が得られる.

　図 3.7(a) に示すような立方体周りのポテンシャル流れを具体的に計算してみる. 格子点数は $21 \times 21 \times 21$ とし, 立方体はその表面がちょうど $i = j = k = 8$, ならびに $i = j = k = 14$ に位置するように設定する. 境界条件は, 入口境界 $i = 1$ 面で $\phi = 0$, 出口境界 $i = 21$ 面で $\phi = 1$ を与え, それ以外の外部境界および立方体表面には, 法線方向に $\partial\phi/\partial n = 0$ となるノイマン境界条件を与える. なお, 格子

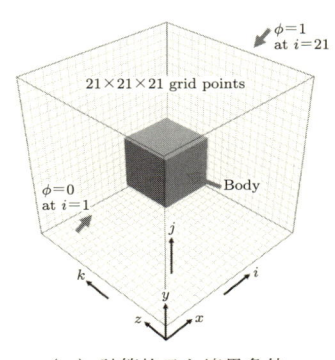
（a）計算格子と境界条件

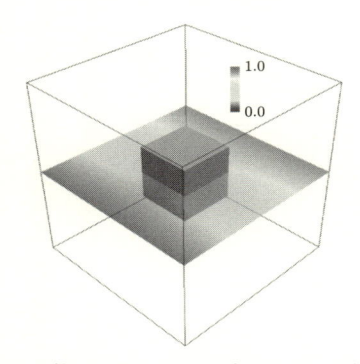
（b）計算により得られたポテンシャル分布

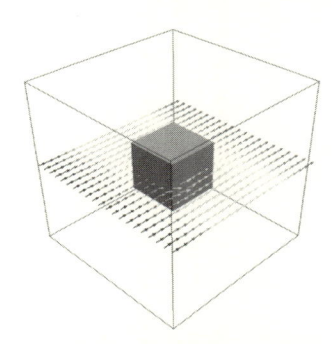
（c）計算により得られた速度分布

図 3.7　3 次元ポテンシャル流れの差分計算

間隔は $\Delta x = \Delta y = \Delta z = 0.1$ で，過緩和係数は 1.5 とした.

　SOR 法で反復計算すると，図 3.7(b) に示すポテンシャル ϕ が得られた．このポテンシャルを各座標方向に 1 階偏微分したものが，それぞれの方向の流速になることから，ϕ の値を差分計算すれば，図 3.7(c) に示す流速ベクトルが得られる.

3.3　放物型方程式の差分解法

3.3.1　熱伝導方程式

　放物型方程式の標準形である，次の 1 次元熱伝導方程式を考える.

$$\frac{\partial u}{\partial t} = \kappa \frac{\partial^2 u}{\partial x^2} \tag{3.32}$$

これを，時間方向 1 次精度，空間方向 2 次精度で差分近似すれば次式が得られる.

$$\frac{u_j^{n+1} - u_j^n}{\Delta t} = \kappa \frac{u_{j+1}^n - 2u_j^n + u_{j-1}^n}{(\Delta x)^2} \tag{3.33}$$

この場合の n は時間ステップになる．この式は $n+1$ 時間ステップの値を n 時間ステップの値のみから計算する陽解法であり，陽的オイラー前進法（Euler forward explicit method）とよばれる．さらに変形すると，次式になる．

$$u_j^{n+1} = u_j^n + \ell(u_{j+1}^n - 2u_j^n + u_{j-1}^n) \tag{3.34}$$

ただし，$\ell = \kappa \Delta t/(\Delta x)^2$ である．このように時間微分項を使って反復計算する方法は時間進行法（time-marching method）とよばれる．陽解法である式 (3.33) には線形安定性に限界があり，Δt を大きくすると解が数値振動することを，第 1 章で示した．

熱伝導方程式の線形安定限界を緩和する方法として，クランク・ニコルソン陰解法（Crank–Nicolson implicit method）[2] がある．この方法では，熱伝導方程式が次式のように差分近似される．

$$\frac{u_j^{n+1} - u_j^n}{\Delta t} = \frac{\kappa}{2}\left\{ \frac{u_{j+1}^{n+1} - 2u_j^{n+1} + u_{j-1}^{n+1}}{(\Delta x)^2} + \frac{u_{j+1}^n - 2u_j^n + u_{j-1}^n}{(\Delta x)^2} \right\} \tag{3.35}$$

これは，2 階偏導関数 $\partial^2 u/\partial x^2$ を，n 時間ステップと $n+1$ 時間ステップで差分近似して，それらを平均するという式になっている．これをさらに ℓ を使って変形すれば，次式が得られる．

$$-\ell u_{j-1}^{n+1} + 2(1+\ell)u_j^{n+1} - \ell u_{j+1}^{n+1} = \ell u_{j-1}^n + 2(1-\ell)u_j^n + \ell u_{j+1}^n \tag{3.36}$$

$n+1$ 時間ステップの値を複数同時に計算することから，この方法は陰解法である．

3.3.2　線形安定性理論

1 次元熱伝導方程式を陽解法で解くと，Δt がある値より大きい場合に解が数値振動することをフォン・ノイマンの線形安定性理論から説明する．

フォン・ノイマンの線形安定性理論では，n 時間ステップにおける格子点 j の解 u_j^n が，有限の振幅をもった任意の位相の三角関数成分で与えられると仮定する．すなわち，

$$u_j^n = G^n \exp(ji\theta) \tag{3.37}$$

と定義する．ただし，$G = G(\theta)$ は振幅で，増幅係数（amplitude factor）とよば

れる. また, G に付いている n はべき乗であることに注意が必要である. $\theta = \pi/s$ ($s = \pm 1, \pm 2, \pm 3, \pm 4, \cdots$) で, i は虚数単位 ($i^2 = -1$) である. 式 (3.37) を差分近似式 (3.34) に代入すれば, 次式が得られる.

$$G^{n+1}e^{ji\theta} = G^n e^{ji\theta} + \ell\{G^n e^{(j+1)i\theta} - 2G^n e^{ji\theta} + G^n e^{(j-1)i\theta}\} \tag{3.38}$$

これを整理すれば, 最終的に G が次のように求められる.

$$G = 1 - 2\ell(1 - \cos\theta) \tag{3.39}$$

フォン・ノイマンの線形安定性理論では, G の絶対値が 1 以下ならば線形安定となる. したがって, $\ell \le 0.5$ であれば 1 次元熱伝導方程式の陽解法は線形安定となる. 一方, $\ell > 0.5$ になると線形不安定となり, 解が数値振動する.

　次に, クランク・ニコルソン陰解法の差分近似式 (3.36) にも同様に式 (3.37) を代入すれば, G の値が次のように求められる.

$$G = \frac{1 - \ell(1 - \cos\theta)}{1 + \ell(1 - \cos\theta)} \tag{3.40}$$

これより, G はつねに 1 以下の値になることがわかる. すなわち, クランク・ニコルソン陰解法は無条件で線形安定になる. ただし, 実際には境界条件が陽的に与えられていることから, Δt を無限大にできるわけではない.

3.3.3 直接法による計算

　1 次元のクランク・ニコルソン陰解法は, 直接法で解くことができる. 式 (3.36) を単純化して書けば次式になる.

$$au_{j-1}^{n+1} + bu_j^{n+1} + cu_{j+1}^{n+1} = \alpha_j \tag{3.41}$$

これは, すべての格子点 j について成り立つ式であるから,

$$\vdots$$
$$au_{j-2}^{n+1} + bu_{j-1}^{n+1} + cu_j^{n+1} = \alpha_{j-1}$$
$$au_{j-1}^{n+1} + bu_j^{n+1} + cu_{j+1}^{n+1} = \alpha_j$$
$$au_j^{n+1} + bu_{j+1}^{n+1} + cu_{j+2}^{n+1} = \alpha_{j+1}$$
$$\vdots$$

のように，格子点の数だけある連立 1 次方程式になる．これを，係数 a, b, c から
なる行列 A と既知量 α_j からなるベクトル，ならびに u_j^{n+1} からなるベクトルで記
述すれば，次のような行列計算になる．

$$
\begin{bmatrix}
\ddots & & & & & & 0 \\
& a & b & c & & & \\
& & a & b & c & & \\
& & & a & b & c & \\
0 & & & & & & \ddots
\end{bmatrix}
\begin{bmatrix}
\vdots \\
u_{j-1}^{n+1} \\
u_j^{n+1} \\
u_{j+1}^{n+1} \\
\vdots
\end{bmatrix}
=
\begin{bmatrix}
\vdots \\
\alpha_{j-1} \\
\alpha_j \\
\alpha_{j+1} \\
\vdots
\end{bmatrix}
\tag{3.42}
$$

すなわち，式 (3.36) の u_j^{n+1} は，行列 A の逆行列を計算すれば求められる．先に
説明した ADI 法も同様に直接法で解くことができる．ただし，2 次元以上の熱伝
導方程式になると，このように単純には式を展開することはできない．さらに格子
点の数が多くなると，直接法は計算上，多くの記憶領域を必要とするため効率的で
はなくなる．したがって，一般的に熱伝導方程式は，クランク・ニコルソン陰解法
を適用して反復法により計算される．

3.3.4　反復法による計算

クランク・ニコルソン陰解法の差分近似式 (3.36) を，次のように変形する．

$$
u_j^{n+1} = \frac{\ell(u_{j-1}^{n+1} - 2u_j^{n+1} + u_{j+1}^{n+1})}{2} + \alpha_j
\tag{3.43}
$$

ただし，

$$
\alpha_j = u_j^n + \frac{\ell(u_{j-1}^n - 2u_j^n + u_{j+1}^n)}{2}
$$

である．式 (3.43) にも，楕円型方程式の反復法をほぼそのまま適用できる．楕円型
方程式における反復法で得られた解はあくまで定常解であったが，熱伝導方程式に
おける時間ステップ n における解は実時間の数値解を与える．熱伝導方程式では，
時間ステップ $n+1$ の値を陰的に計算する際に反復法が適用される．そのため，時
間ステップ n とは別に，反復計算のための新たな反復ステップが必要になる．

式 (3.43) を u_j^{n+1} について解き，反復ステップを m とすることで，ヤコビ法を
適用した式が，次式のように導出される．

$$
(u_j^{n+1})^{m+1} = \frac{\ell}{2(1+\ell)}\{(u_{j-1}^{n+1})^m + (u_{j+1}^{n+1})^m\} + \frac{\alpha_j}{1+\ell}
\tag{3.44}
$$

ただし，α_j は既知であるから，反復法の計算からは外される．u_j^{n+1} の値を求めるために，m を $1, 2, 3, \cdots$ と増やして計算し，反復ステップ $m+1$ の値が収束したとき，u_j^{n+1} が求められるという式である．

ガウス・ザイデル法も同様に適用することができる．すなわち，次のようになる．

$$(u_j^{n+1})^{m+1} = \frac{\ell}{2(1+\ell)}\{(u_{j-1}^{n+1})^{m+1} + (u_{j+1}^{n+1})^m\} + \frac{\alpha_j}{1+\ell} \tag{3.45}$$

さらに，SOR 法を適用すれば，次式が得られる．

$$(u_j^{n+1})^{m+1} = \omega\left[\frac{\ell}{2(1+\ell)}\{(u_{j-1}^{n+1})^{m+1} + (u_{j+1}^{n+1})^m\} + \frac{\alpha_j}{1+\ell}\right] + (1-\omega)(u_j^{n+1})^m \tag{3.46}$$

3.3.5　3次元熱伝導方程式の差分計算

3次元熱伝導方程式を，クランク・ニコルソン陰解法と SOR 法により差分計算してみる．

まず，3次元熱伝導方程式を次式で定義する．

$$\frac{\partial T}{\partial t} = \frac{\partial}{\partial x}\left(\kappa_x \frac{\partial T}{\partial x}\right) + \frac{\partial}{\partial y}\left(\kappa_y \frac{\partial T}{\partial y}\right) + \frac{\partial}{\partial z}\left(\kappa_z \frac{\partial T}{\partial z}\right) \tag{3.47}$$

ここで，T は温度である．κ_x, κ_y, κ_z はそれぞれ x, y, z 方向の熱伝導係数で，一般的には同じ値である．これをクランク・ニコルソン陰解法で差分近似すると次式が得られる．

$$
\begin{aligned}
\frac{T_{i,j,k}^{n+1} - T_{i,j,k}^n}{\Delta t}
&= \frac{\kappa_{xr}(T_{i+1,j,k}^{n+1} - T_{i,j,k}^{n+1}) - \kappa_{xl}(T_{i,j,k}^{n+1} - T_{i-1,j,k}^{n+1})}{2(\Delta x)^2} \\
&+ \frac{\kappa_{xr}(T_{i+1,j,k}^n - T_{i,j,k}^n) - \kappa_{xl}(T_{i,j,k}^n - T_{i-1,j,k}^n)}{2(\Delta x)^2} \\
&+ \frac{\kappa_{yr}(T_{i,j+1,k}^{n+1} - T_{i,j,k}^{n+1}) - \kappa_{yl}(T_{i,j,k}^{n+1} - T_{i,j-1,k}^{n+1})}{2(\Delta y)^2} \\
&+ \frac{\kappa_{yr}(T_{i,j+1,k}^n - T_{i,j,k}^n) - \kappa_{yl}(T_{i,j,k}^n - T_{i,j-1,k}^n)}{2(\Delta y)^2} \\
&+ \frac{\kappa_{zr}(T_{i,j,k+1}^{n+1} - T_{i,j,k}^{n+1}) - \kappa_{zl}(T_{i,j,k}^{n+1} - T_{i,j,k-1}^{n+1})}{2(\Delta z)^2}
\end{aligned}
$$

$$+ \frac{\kappa_{zr}(T^n_{i,j,k+1} - T^n_{i,j,k}) - \kappa_{zl}(T^n_{i,j,k} - T^n_{i,j,k-1})}{2(\Delta z)^2} \tag{3.48}$$

ここで, i, j, k は x, y, z 方向の格子点番号である. また, 添え字 r, l は右と左の意味で, これらが付いた熱伝導係数は, たとえば x 方向では, 右隣の点を使って $\kappa_{xr} = \{(\kappa_x)_{i+1,j,k} + (\kappa_x)_{i,j,k}\}/2$, 左隣の点を使って $\kappa_{xl} = \{(\kappa_x)_{i,j,k} + (\kappa_x)_{i-1,j,k}\}/2$ のように計算する.

クランク・ニコルソン陰解法で差分近似された式に SOR 法を適用すると, 次式のようになる.

$$
\begin{aligned}
(T^{n+1}_{i,j,k})^{m+1} = {} & (T^{n+1}_{i,j,k})^m \\
& + \omega \Bigg[\frac{l_x}{2L} \Big\{ \kappa_{xr}(T^{n+1}_{i+1,j,k})^m + \kappa_{xl}(T^{n+1}_{i-1,j,k})^{m+1} \Big\} \\
& + \frac{l_y}{2L} \Big\{ \kappa_{yr}(T^{n+1}_{i,j+1,k})^m + \kappa_{yl}(T^{n+1}_{i,j-1,k})^{m+1} \Big\} \\
& + \frac{l_z}{2L} \Big\{ \kappa_{zr}(T^{n+1}_{i,j,k+1})^m + \kappa_{zl}(T^{n+1}_{i,j,k-1})^{m+1} \Big\} - (T^{n+1}_{i,j,k})^m \\
& + \frac{1}{L} \alpha_{i,j,k} \Bigg]
\end{aligned}
\tag{3.49}
$$

ここで,

$$
\begin{aligned}
\alpha_{i,j,k} = {} & T^n_{i,j,k} + \frac{l_x}{2} \{ \kappa_{xr}(T^n_{i+1,j,k} - T^n_{i,j,k}) - \kappa_{xl}(T^n_{i,j,k} - T^n_{i-1,j,k}) \} \\
& + \frac{l_y}{2} \{ \kappa_{yr}(T^n_{i,j+1,k} - T^n_{i,j,k}) - \kappa_{yl}(T^n_{i,j,k} - T^n_{i,j-1,k}) \} \\
& + \frac{l_z}{2} \{ \kappa_{zr}(T^n_{i,j,k+1} - T^n_{i,j,k}) - \kappa_{zl}(T^n_{i,j,k} - T^n_{i,j,k-1}) \}
\end{aligned}
$$

$$l_x = \frac{\Delta t}{(\Delta x)^2}, \quad l_y = \frac{\Delta t}{(\Delta y)^2}, \quad l_z = \frac{\Delta t}{(\Delta z)^2}$$

$$L = 1 + \frac{1}{2} l_x(k_{xr} + k_{xl}) + \frac{1}{2} l_y(k_{yr} + k_{yl}) + \frac{1}{2} l_z(k_{zr} + k_{zl})$$

である.

例として, 図 3.8(a)に示す立方体周りの熱伝導を計算してみる. 格子点数は $21 \times 21 \times 21$ とし, 立方体はその表面がちょうど $i = j = k = 8$, ならびに $i = j = k = 14$ に位置するように設定する. 立方体内外の熱伝導率はそれぞれ 5.0, 1.0 とし, 境界条件は入口境界 $i = 1$ 面で $T = 100°C$, 出口境界 $i = 21$ 面で $T = 50°C$ を与え, それ以外の外部境界および立方体表面には, 法

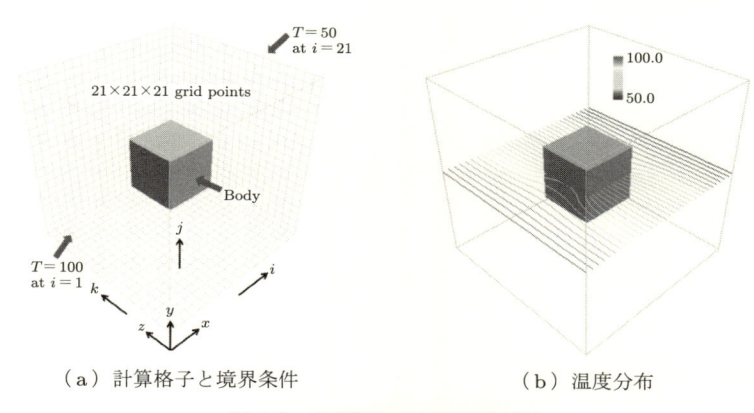

（a）計算格子と境界条件 （b）温度分布

図 3.8 立方体周りの熱伝導問題

線方向に $\partial\phi/\partial n = 0$ となるようノイマン境界条件を与える．なお，格子間隔は $\Delta x = \Delta y = \Delta z = 0.1$ で，過緩和係数は 1.5 とした．

計算により得られた温度分布を図 3.8(b) に示す．立方体の周りに 50°C から 100°C に変化する温度場が得られている．

3.4 双曲型方程式の差分解法

2 独立変数からなる 2 階偏微分方程式を，一般形で次式のように改めて定義する．

$$A\frac{\partial^2 u}{\partial x^2} + 2B\frac{\partial^2 u}{\partial x \partial y} + C\frac{\partial^2 u}{\partial y^2} = f \tag{3.50}$$

特性の理論に基づき，2.3 節で導出したように，特性方程式は次のようになる．

$$A\left(\frac{dy}{dx}\right)^2 - 2B\frac{dy}{dx} + C = 0 \tag{3.51}$$

合わせて，常微分方程式

$$A\frac{dp}{dx}\frac{dy}{dx} + C\frac{dq}{dx} - f\frac{dy}{dx} = 0 \tag{3.52}$$

が導出される．

特性方程式の根は，

$$\frac{dy}{dx} = \frac{B \pm \sqrt{B^2 - AC}}{A} \tag{3.53}$$

になる．これが二つの実根をもつ場合に偏微分方程式は双曲型になる．

　ここでは，特性の理論の理解を深めるために，双曲型方程式の場合について幾何学的に補足説明する.

　式 (3.52) は，$\lambda = dy/dx$ とおけば次式のように書ける.

$$A\lambda\frac{dp}{dx} + C\frac{dq}{dx} - f\lambda = 0 \tag{3.54}$$

この式は，独立変数 x の常微分方程式である. 特性方程式の根を考慮することで，偏微分方程式を常微分方程式に帰着できる. 常微分方程式であれば，解析的，幾何的に解くことができる.

　図 3.9 に示すように，独立変数 (x, y) からなる 2 階偏微分方程式は xy 空間上に図示できる. $y = 0$ 上に 1 本の直線として初期値を与える. この直線上の任意の点から，$y > 0$ 方向に解は伝播する. $(x_1, 0), (x_2, 0)$ の 2 点を考えれば，そこから，勾配 dy/dx をもつ解の軌跡を直線で引くことができる. dy/dx は式 (3.53) で与えられる特性方程式の根と等価であり，図中にはそれぞれの点から，それぞれの根を勾配にもつ 2 本の直線が引かれる. 実際には曲線になり，任意の点で勾配が根の値になる. この曲線は特性曲線とよばれる.

　図 3.10 に，初期値上の 2 点をそれぞれ L, M として，それぞれから伸びている

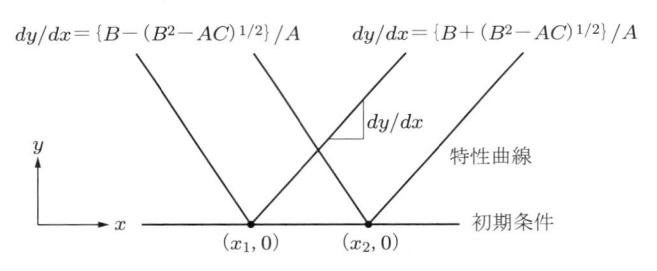

図 3.9　特性曲線とその勾配

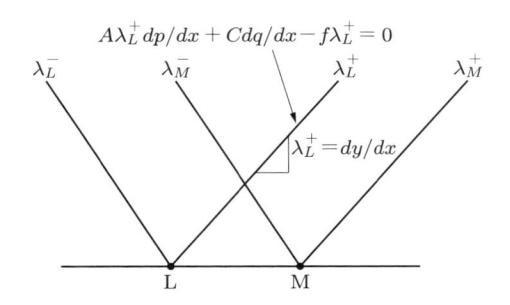

図 3.10　特性曲線上で成り立つ常微分方程式

特性方程式の根を勾配にもつ直線を改めて示し，たとえば，点 L から伝播した解を示す二つの直線のうち，$dy/dx = (B + \sqrt{B^2 - AC})/A$ を λ_L^+ とする．その勾配をもった特性曲線上では，常微分方程式 (3.54) が成り立つ．たとえば，λ_L^+ を勾配にもつ特性曲線上では次式が成り立つ．

$$A\lambda_L^+ \frac{dp}{dx} + C\frac{dq}{dx} - f\lambda_L^+ = 0 \tag{3.55}$$

したがって，特性方程式の根を勾配にもつ特性曲線を見出して，その上で常微分方程式を解けば解が求められる．たとえば，図 3.10 で特性曲線が交差する点を幾何学的に求めていくことにより，解の伝播を計算で求められる．この計算手法は，特性曲線法（method of characteristic curves）とよばれる．

3.5 反応拡散方程式の差分解法

反応方程式と熱伝導方程式を組み合わせた方程式が，反応拡散方程式（reaction-diffusion equation）である．たとえば，次のようになる．

$$\frac{\partial u}{\partial t} = \kappa \frac{\partial^2 u}{\partial x^2} + au \tag{3.56}$$

ここで，κ は拡散係数（diffusion coefficient），a は反応係数（reaction coefficient）である．反応項 au は，熱伝導方程式の差分近似式に付加して計算される．たとえば，クランク・ニコルソン陰解法とヤコビ法により差分近似された熱伝導方程式である式 (3.44) に対しては，次式のように付加される．

$$(u_j^{n+1})^{m+1} = \frac{\ell}{2(1+\ell)}\{(u_{j-1}^{n+1})^m + (u_{j+1}^{n+1})^m\} + \frac{\alpha_j}{1+\ell} + \Delta tau_j^n \tag{3.57}$$

典型的な反応拡散方程式として，次の Nagumo 方程式が知られている．

$$\frac{\partial u}{\partial t} = \varepsilon^2 \frac{\partial^2 u}{\partial x^2} + u(u-a)(1-u) \tag{3.58}$$

反応項が 3 次関数になっているのが特徴である．これは，神経系（neuro system）の信号伝播（signal transmission）を模擬する数理モデルとして知られている．また，生態系（ecological system）の増殖・拡散（growth and diffusion）を模擬する数理モデルとして知られている Fisher 方程式[3]は，次のように定義される．

$$\frac{\partial u}{\partial t} = \varepsilon^2 \frac{\partial^2 u}{\partial x^2} + au(1-u) \tag{3.59}$$

とくに $\varepsilon = 0$ の場合は，ロジスティック方程式（logistic equation）とよばれ，人口予測に用いられる．ほかにも数多くの反応拡散方程式に基づく数理モデルが提案されている．反応拡散方程式は，様々な現象や事象を単純化して模擬するうえで便利な数理モデルである．本書の後半で解説するマルチフィジックス熱流動問題では，付加的物理の数理モデルは，式 (3.56) のように反応項（もしくは生成項）として付加されるのがほとんどである．

ここでは，Fisher 方程式を解いてみる．$u(x,0) = 0.01 + 0.1 \sin \pi x \ (0 \leq x \leq 1)$ と初期値を与えて，$\varepsilon = 0.001$，$a = -1$ とおき，$\Delta t = 0.1$ で時間を進行させた．図 3.11 は，$t = 3.0$ のときの計算結果である．時間の経過とともに u の値が増加して，$x = 0.5$ 付近で最大値をもつ結果になった．

次に，$a = 1$ として計算した結果を図 3.12 に示す．時間の経過とともに，u の値が減少していることがわかる．このように，反応項にある係数 a を変化させることにより，u の増加や減少を模擬することができ，たとえば u がある生態系の個体数

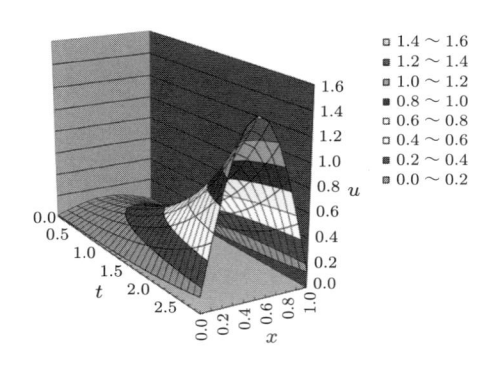

図 3.11　Fisher 方程式の計算結果 1

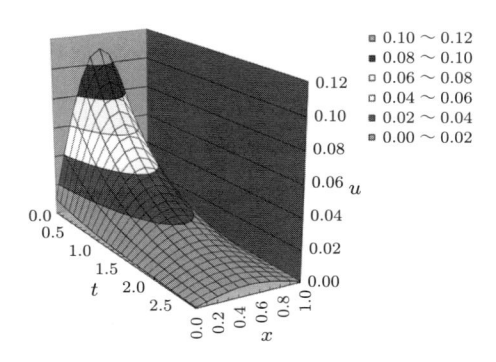

図 3.12　Fisher 方程式の計算結果 2

であるとすれば，個体の増殖や消滅を模擬することも可能である．

　少し変わった二つの反応拡散方程式からなる数理モデルを一つ紹介する．60 年以上前に暗号解読の機械学習を提案したことで有名な Turing[4] は，この研究とは別に，「反応拡散方程式で空間非一様な解を得ることができる」ということを提唱して，細胞分裂（cell differentiation）や形態形成（morphogenesis）も拡散現象により支配されているという論文を発表した．同じ頃，Hodgkin と Huxley[5] は反応拡散方程式系により，神経膜（nerve membrane）を出入りするイオンのパルス状信号を模擬できると発表した．その後 40 年経って，Pearson[6] は簡単な二つの反応拡散方程式で複雑なパターンが模擬できることを Science 誌に発表して，Turing や Hodgkin と Huxley の理論を証明した．

　Pearson が解いた反応拡散方程式系は Gray–Scott モデルとよばれ，簡単な二つの反応拡散方程式からなる．まず，Gray と Scott[7] は，ゲル媒体（gel medium）中で観察される次のような自己触媒反応を発見した．

$$A + 2B \rightarrow 3B, \quad B \rightarrow C \tag{3.60}$$

ここで，A, B, C は化学反応物質で，そのうち A は触媒として機能する．Pearson は，この化学反応を反応拡散方程式系で次のように数理モデル化した．

$$\frac{\partial u}{\partial t} = D_u \nabla^2 u - uv^2 + f(1 - u) \tag{3.61a}$$

$$\frac{\partial v}{\partial t} = D_v \nabla^2 v + uv^2 - (f + k)v \tag{3.61b}$$

$$\frac{\partial w}{\partial t} = D_w \nabla^2 w + kv \tag{3.61c}$$

ここで，u, v, w は化学物質 A, B, C で，f, k は経験定数である．Pearson は，これら二つの経験定数の値をわずかに変えることで，12 種類の異なる非一様パターンが得られることを数値計算により示した．

　ここでは，拡散係数を $D_u = 2 \times 10^{-5}$，$D_v = 10^{-5}$ として．2 次元 Gray–Scott モデルを差分計算してみる．計算に用いた格子点数は 256×256 格子点である．図 3.13 に f, k の値をわずかに変化させて計算した結果を示す．まず，図(a)に $f = 0.024$，$k = 0.063$ として計算により得られた結果を示す．この場合，点状スポットが自己増殖を繰り返して増加し続け，一面を覆うような解に収束した．Gray–Scott モデルが自己複製パターンを模擬できるモデルであることが確認できる．次に，図(b)に $f = 0.044$，$k = 0.063$ とした場合に得られた結果を示す．この

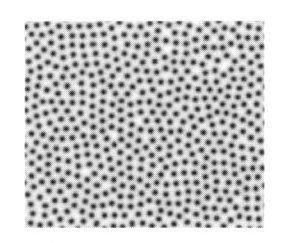 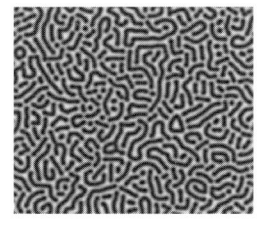 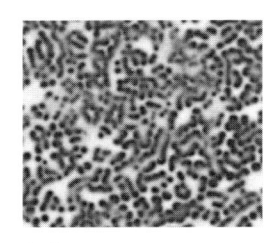

（a）$f = 0.024,\ k = 0.063$　　（b）$f = 0.044,\ k = 0.063$　　（c）$f = 0.02,\ k = 0.052$

図 3.13　Gray–Scott モデルにより得られた複雑パターン

条件では，迷路のようなパターンが定常解として得られた．さらに図(c)に示した $f = 0.02$, $k = 0.052$ の場合には，カオス状の非定常解になった．わずか二つの反応拡散方程式で定義された Gray–Scott モデルから，このような複雑なパターンが得られることは驚きである．

4 非圧縮性ナビエ・ストークス 方程式の差分解法

4.1 圧縮性ナビエ・ストークス方程式

　CFD は，コンピュータの発展に伴って 1950 年頃から本格的に研究が始まったが，当時の主流は圧縮性流れを解くための時間進行法に基づく数値解法を開発することであった．ところが，その方法では非圧縮性ナビエ・ストークス方程式 (incompressible Navier–Stokes equations：INS) を直接解くことができない．なぜならば，非圧縮性流れの連続の式には密度の時間微分項がないため，時間進行法が使えないからである．1965 年に，Harlow と Welch[1]は非圧縮性ナビエ・ストークス方程式を解くための MAC (marker and cell) 法とよばれる差分解法を提案した．その後，今日に至るまで，MAC 法に基づく差分解法は一般的に使用されている．ここでは，MAC 法で 3 次元 INS を解く差分解法を説明する．

　INS の基になる基礎方程式は圧縮性ナビエ・ストークス方程式 (compressible Navier–Stokes equations：CNS) である．CNS の基礎方程式は，次のようにベクトル表記で定義される．

$$\rho_t + \nabla \cdot (\rho \mathbf{u}) = 0 \tag{4.1}$$
$$(\rho \mathbf{u})_t + \nabla \cdot \rho \mathbf{uu} + \nabla p = \nabla \cdot \Pi \tag{4.2}$$
$$e_t + \nabla \cdot (e + p)\mathbf{u} = \nabla \cdot (\Pi \cdot \mathbf{u}) + \nabla \cdot \mathbf{q} \tag{4.3}$$

ここで，ρ, $\mathbf{u}$, p, Π, e, $\mathbf{q}$ は，それぞれ密度，速度ベクトル，圧力，粘性応力テンソル，全内部エネルギー，および熱流束のベクトルである．t は時間で，添え字 t が付いた項は未知変数の時間微分項である．それぞれの式は，質量保存則（連続の式），運動量保存則（運動方程式），エネルギー保存則に相当する．

　テンソル表記で改めて書けば，次のようになる．

$$\frac{\partial \rho}{\partial t} + \frac{\partial}{\partial x_i}(\rho u_i) = 0 \tag{4.4}$$
$$\frac{\partial}{\partial t}(\rho u_j) + \frac{\partial}{\partial x_i}(\rho u_i u_j + \delta_{ij} p) = \frac{\partial}{\partial x_i}(\tau_{ij}) \tag{4.5}$$

$$\frac{\partial e}{\partial t} + \frac{\partial}{\partial x_i}\{(e+p)u_i\} = \frac{\partial}{\partial x_i}\left(\tau_{ki}u_k + \kappa\frac{\partial T}{\partial x_i}\right) \tag{4.6}$$

ここで，3 次元の場合，$(x_1, x_2, x_3) = (x, y, z)$，$(u_1, u_2, u_3) = (u, v, w)$ である．式 (4.4)～(4.6) は，$\partial\rho u_i/\partial x_i \equiv \partial\rho u_1/\partial x_1 + \partial\rho u_2/\partial x_2 + \partial\rho u_3/\partial x_3$ のように省略した形で書かれている．T, κ は静温と熱伝導率である．τ_{ij} は粘性応力テンソルで，次のように定義される．

$$\tau_{ij} = \mu\left\{\left(\frac{\partial u_i}{\partial x_j} + \frac{\partial u_j}{\partial x_i}\right) - \frac{2}{3}\delta_{ij}\frac{\partial u_k}{\partial x_k}\right\} \quad (i,j = 1,2,3) \tag{4.7}$$

ここで，μ は分子粘性係数，δ_{ij} はクロネッカーのデルタである．

　圧力 p も未知変数であるため，CNS 自体は閉じた系になっていない．理想気体を仮定すれば，CNS は理想気体の状態方程式によって閉じられる．すなわち，

$$p = \rho\bar{R}T = (\gamma - 1)\left(e - \frac{\rho\mathbf{uu}}{2}\right) = (\gamma - 1)\left(e - \frac{\rho u_i u_i}{2}\right) \tag{4.8}$$

となる．ここで，$\bar{R}$ と γ は比気体定数と比熱比（$\gamma = 1.4$）である．

　3 次元 CNS は，次のベクトル・テンソル表記された式にまとめられる．

$$\frac{\partial Q}{\partial t} + \frac{\partial F_i}{\partial x_i} = \frac{\partial F_{vi}}{\partial x_i} \tag{4.9}$$

ここで，Q, F_i, F_{vi} は，それぞれ未知変数，対流項と圧力項，拡散項のベクトル

$$Q = \begin{bmatrix} \rho \\ \rho u_1 \\ \rho u_2 \\ \rho u_3 \\ e \end{bmatrix}, \quad F_i = \begin{bmatrix} \rho u_i \\ \rho u_1 u_i + \delta_{1i}p \\ \rho u_2 u_i + \delta_{2i}p \\ \rho u_3 u_i + \delta_{3i}p \\ (e+p)u_i \end{bmatrix}, \quad F_{vi} = \begin{bmatrix} 0 \\ \tau_{1i} \\ \tau_{2i} \\ \tau_{3i} \\ \tau_{ki}u_k + \kappa\partial T/\partial x_i \end{bmatrix}$$

である．

4.2　非圧縮性ナビエ・ストークス方程式

4.2.1　無次元化と式の表記方法

　3 次元 CNS から，3 次元 INS を導出してみる．非圧縮性流れの最も主要な特徴は，密度が変化しない，すなわち $\rho = \mathrm{const.}$ であることになる（ただし，液体であっても厳密には密度が変化することに注意）．また，全内部エネルギー e は変化しない．これらの仮定から，次のベクトル・テンソル表記された式が導出される．

$$\frac{\partial Q}{\partial t} + \frac{\partial F_i}{\partial x_i} = \frac{\partial F_{vi}}{\partial x_i} \qquad (4.10)$$

ここで，

$$Q = \begin{bmatrix} 0 \\ u_1 \\ u_2 \\ u_3 \end{bmatrix}, \quad F_i = \begin{bmatrix} u_i \\ u_1 u_i + \delta_{1i} p/\rho \\ u_2 u_i + \delta_{2i} p/\rho \\ u_3 u_i + \delta_{3i} p/\rho \end{bmatrix}, \quad F_{vi} = \frac{1}{\rho} \begin{bmatrix} 0 \\ \tau_{1i} \\ \tau_{2i} \\ \tau_{3i} \end{bmatrix}$$

である．式 (4.10) を無次元化するため，次の無次元変数を定義する．

$$\bar{x}_j = \frac{x_j}{L}, \quad \bar{t} = \frac{t}{t_{\mathrm{ref}}}, \quad \bar{u}_j = \frac{u_j}{V_\infty}, \quad \bar{p} = \frac{p}{\rho V_\infty^2}, \quad \bar{\mu} = \frac{\mu}{\mu_\infty} \qquad (4.11)$$

このように，無次元変数はオーバーラインを付けて表す．$L\,[\mathrm{m}]$ と $V_\infty\,[\mathrm{m/s}]$ は長さと速度の代表値である．t_{ref} は $t_{\mathrm{ref}} = L/V_\infty$ として導出される．また，μ_∞ は分子粘性係数の代表値である．連続の式は，密度変化がないため時間微分項はなく，次のように無次元化される．

$$\frac{\partial u_i}{\partial x_i} = 0$$
$$\frac{\partial (\bar{u}_i V_\infty)}{\partial (\bar{x}_i L)} = 0$$
$$\frac{\partial \bar{u}_i}{\partial \bar{x}_i} = 0 \qquad (4.12)$$

　次に，運動方程式を無次元化する．テンソル表記された式に基づき，無次元化の過程を以下に示す．

$$\frac{\partial}{\partial t}(u_j) + \frac{\partial}{\partial x_i}\left(u_i u_j + \frac{\delta_{ij} p}{\rho}\right) = \frac{1}{\rho}\frac{\partial \tau_{ij}}{\partial x_i}$$

$$\frac{\partial}{\partial (\bar{t} t_{\mathrm{ref}})}(\bar{u}_j V_\infty) + \frac{\partial}{\partial (\bar{x}_i L)}\left(\bar{u}_i V_\infty \bar{u}_j V_\infty + \frac{\delta_{ij} \bar{p} \rho V_\infty^2}{\rho}\right) = \frac{1}{\rho}\frac{\partial}{\partial (\bar{x}_i L)}\left(\bar{\tau}_{ij} \frac{\mu_\infty V_\infty}{L}\right)$$

$$\frac{V_\infty^2}{L}\frac{\partial}{\partial \bar{t}}(\bar{u}_j) + \frac{V_\infty^2}{L}\frac{\partial}{\partial \bar{x}_i}(\bar{u}_i \bar{u}_j + \delta_{ij}\bar{p}) = \frac{\mu_\infty V_\infty}{\rho L^2}\frac{\partial}{\partial \bar{x}_i}(\bar{\tau}_{ij})$$

$$\frac{\partial}{\partial \bar{t}}(\bar{u}_j) + \frac{\partial}{\partial \bar{x}_i}(\bar{u}_i \bar{u}_j + \delta_{ij}\bar{p}) = \frac{\mu_\infty}{\rho V_\infty L}\frac{\partial}{\partial \bar{x}_i}(\bar{\tau}_{ij}) \qquad (4.13)$$

レイノルズ数 $Re = \rho V_\infty L/\mu_\infty$ であることから，上式は次のようになる．

$$\frac{\partial}{\partial \bar{t}}(\bar{u}_j) + \frac{\partial}{\partial \bar{x}_i}(\bar{u}_i \bar{u}_j + \delta_{ij}\bar{p}) = \frac{1}{Re}\frac{\partial}{\partial \bar{x}_i}(\bar{\tau}_{ij}) \quad (j = 1, 2, 3) \qquad (4.14)$$

　無次元化された連続の式と運動方程式を，オーバーラインを外して，改めてベクトル・テンソル表記でまとめれば，次のようになる．

$$\frac{\partial Q}{\partial t} + \frac{\partial F_i}{\partial x_i} = \frac{1}{Re}\frac{\partial F_{vi}}{\partial x_i} \tag{4.15}$$

ここで，

$$Q = \begin{bmatrix} 0 \\ u_1 \\ u_2 \\ u_3 \end{bmatrix}, \quad F_i = \begin{bmatrix} u_i \\ u_1 u_i + \delta_{1i}p \\ u_2 u_i + \delta_{2i}p \\ u_3 u_i + \delta_{3i}p \end{bmatrix}, \quad F_{vi} = \begin{bmatrix} 0 \\ \tau_{1i} \\ \tau_{2i} \\ \tau_{3i} \end{bmatrix}$$

である．ここでの粘性応力テンソルは CNS と同じである．

$$\tau_{ij} = \mu\left\{ \left(\frac{\partial u_i}{\partial x_j} + \frac{\partial u_j}{\partial x_i} \right) - \frac{2}{3}\delta_{ij}\frac{\partial u_k}{\partial x_k} \right\} \quad (i,j = 1,2,3) \tag{4.16}$$

ただし，μ もすでに無次元化されており，ここでは定数と仮定して，$\mu = 1$ とおく．

　非圧縮性を仮定して，粘性応力テンソルをさらに変形する．粘性応力テンソル右辺の第 2 項は，次のような連続の式に一致する．

$$\frac{\partial u_k}{\partial x_k} = \frac{\partial u_1}{\partial x_1} + \frac{\partial u_2}{\partial x_2} + \frac{\partial u_3}{\partial x_3} = 0$$

また，F_{vi} の x_i に関する偏微分は次のように簡略化される．

$$\frac{\partial F_{vi}}{\partial x_i} = \frac{\partial F_{v1}}{\partial x_1} + \frac{\partial F_{v2}}{\partial x_2} + \frac{\partial F_{v3}}{\partial x_3} = \begin{bmatrix} 0 \\ \partial\tau_{11}/\partial x_1 + \partial\tau_{12}/\partial x_2 + \partial\tau_{13}/\partial x_3 \\ \partial\tau_{21}/\partial x_1 + \partial\tau_{22}/\partial x_2 + \partial\tau_{23}/\partial x_3 \\ \partial\tau_{31}/\partial x_1 + \partial\tau_{32}/\partial x_2 + \partial\tau_{33}/\partial x_3 \end{bmatrix}$$

$$\frac{\partial\tau_{i1}}{\partial x_1} + \frac{\partial\tau_{i2}}{\partial x_2} + \frac{\partial\tau_{i3}}{\partial x_3}$$
$$= \frac{\partial}{\partial x_1}\left(\frac{\partial u_i}{\partial x_1} + \frac{\partial u_1}{\partial x_i} \right) + \frac{\partial}{\partial x_2}\left(\frac{\partial u_i}{\partial x_2} + \frac{\partial u_2}{\partial x_i} \right) + \frac{\partial}{\partial x_3}\left(\frac{\partial u_i}{\partial x_3} + \frac{\partial u_3}{\partial x_i} \right)$$
$$= \frac{\partial}{\partial x_1}\left(\frac{\partial u_i}{\partial x_1} \right) + \frac{\partial}{\partial x_2}\left(\frac{\partial u_i}{\partial x_2} \right) + \frac{\partial}{\partial x_3}\left(\frac{\partial u_i}{\partial x_3} \right) + \frac{\partial}{\partial x_i}\left(\frac{\partial u_1}{\partial x_1} + \frac{\partial u_2}{\partial x_2} + \frac{\partial u_3}{\partial x_3} \right)$$
$$= \frac{\partial^2 u_i}{\partial x_j^2}$$

これより，τ_{ij} は次のように簡略化される．

$$\tau_{ij} = \frac{\partial u_i}{\partial x_j} \quad (i,j = 1,2,3) \tag{4.17}$$

連続の式と運動方程式は，最終的にベクトル形で次のように定義される[†].

$$\nabla \cdot \mathbf{u} = 0 \tag{4.18}$$

$$\mathbf{u}_t + \nabla \cdot \mathbf{uu} = -\nabla p + \frac{1}{Re}\nabla^2 \mathbf{u} \tag{4.19}$$

もしくは，$(u_1, u_2, u_3) = (u, v, w)$ として偏微分形に展開すれば，次のようになる.

$$\frac{\partial u}{\partial x} + \frac{\partial v}{\partial y} + \frac{\partial w}{\partial z} = 0 \tag{4.20}$$

$$\frac{\partial u}{\partial t} + \frac{\partial uu}{\partial x} + \frac{\partial vu}{\partial y} + \frac{\partial wu}{\partial z} = -\frac{\partial p}{\partial x} + \frac{1}{Re}\left(\frac{\partial^2 u}{\partial x^2} + \frac{\partial^2 u}{\partial y^2} + \frac{\partial^2 u}{\partial z^2}\right) \tag{4.21a}$$

$$\frac{\partial v}{\partial t} + \frac{\partial uv}{\partial x} + \frac{\partial vv}{\partial y} + \frac{\partial wv}{\partial z} = -\frac{\partial p}{\partial y} + \frac{1}{Re}\left(\frac{\partial^2 v}{\partial x^2} + \frac{\partial^2 v}{\partial y^2} + \frac{\partial^2 v}{\partial z^2}\right) \tag{4.21b}$$

$$\frac{\partial w}{\partial t} + \frac{\partial uw}{\partial x} + \frac{\partial vw}{\partial y} + \frac{\partial ww}{\partial z} = -\frac{\partial p}{\partial z} + \frac{1}{Re}\left(\frac{\partial^2 w}{\partial x^2} + \frac{\partial^2 w}{\partial y^2} + \frac{\partial^2 w}{\partial z^2}\right) \tag{4.21c}$$

ところで，運動方程式 (4.21) の移流項は次のように変形できる. これは，運動方程式に連続の式が陰に含まれていることを意味する.

$$
\begin{aligned}
\frac{\partial uu}{\partial x} + \frac{\partial vu}{\partial y} + \frac{\partial wu}{\partial z} &= u\frac{\partial u}{\partial x} + u\frac{\partial u}{\partial x} + u\frac{\partial v}{\partial y} + v\frac{\partial u}{\partial y} + w\frac{\partial u}{\partial z} + u\frac{\partial w}{\partial z} \\
&= u\frac{\partial u}{\partial x} + v\frac{\partial u}{\partial y} + w\frac{\partial u}{\partial z} + u\left(\frac{\partial u}{\partial x} + \frac{\partial v}{\partial y} + \frac{\partial w}{\partial z}\right) \\
&= u\frac{\partial u}{\partial x} + v\frac{\partial u}{\partial y} + w\frac{\partial u}{\partial z}
\end{aligned}
$$

したがって，運動方程式は次のようにも定義することができる.

$$\frac{\partial u}{\partial t} + u\frac{\partial u}{\partial x} + v\frac{\partial u}{\partial y} + w\frac{\partial u}{\partial z} = -\frac{\partial p}{\partial x} + \frac{1}{Re}\left(\frac{\partial^2 u}{\partial x^2} + \frac{\partial^2 u}{\partial y^2} + \frac{\partial^2 u}{\partial z^2}\right) \tag{4.22a}$$

$$\frac{\partial v}{\partial t} + u\frac{\partial v}{\partial x} + v\frac{\partial v}{\partial y} + w\frac{\partial v}{\partial z} = -\frac{\partial p}{\partial y} + \frac{1}{Re}\left(\frac{\partial^2 v}{\partial x^2} + \frac{\partial^2 v}{\partial y^2} + \frac{\partial^2 v}{\partial z^2}\right) \tag{4.22b}$$

$$\frac{\partial w}{\partial t} + u\frac{\partial w}{\partial x} + v\frac{\partial w}{\partial y} + w\frac{\partial w}{\partial z} = -\frac{\partial p}{\partial z} + \frac{1}{Re}\left(\frac{\partial^2 w}{\partial x^2} + \frac{\partial^2 w}{\partial y^2} + \frac{\partial^2 w}{\partial z^2}\right) \tag{4.22c}$$

[†] （補足）別表記：

$$\nabla \cdot \vec{v} = 0, \quad \frac{\partial \vec{v}}{\partial t} + (\vec{v} \cdot \nabla)\vec{v} = -\nabla p + \frac{1}{Re}\nabla^2 \vec{v}$$

もしくは，

$$\mathrm{div}\,\vec{v} = 0, \quad \frac{\partial \vec{v}}{\partial t} + (\vec{v} \cdot \mathrm{grad})\vec{v} = -\mathrm{grad}\,p + \frac{1}{Re}\mathrm{div}(\mathrm{grad}\,\vec{v})$$

連続の式が含まれている場合は保存形の運動方程式，そうでない場合は非保存形の運動方程式になる．

4.2.2 ポテンシャル流れ

速度ベクトルを $\vec{v} = (u, v, w)$ とおけば，ポテンシャル流れでは，$\vec{v}$ がスカラーポテンシャル ϕ の勾配で定義される．

$$\vec{v} = \nabla\phi \quad \text{または} \quad (u, v, w) = \left(\frac{\partial\phi}{\partial x}, \frac{\partial\phi}{\partial y}, \frac{\partial\phi}{\partial z}\right) \tag{4.23}$$

渦度ベクトル $\vec{\omega} = \text{rot}\,\vec{v}$ は $\vec{\omega} = (0, 0, 0)$ となることから，ポテンシャル流れは渦なし流れである．スカラーポテンシャル ϕ で定義された $\vec{v}$ を連続の式に代入すると，3 次元ラプラス方程式が得られる．

$$\nabla^2\phi = 0 \quad \text{または} \quad \Delta\phi = 0 \quad \text{または} \quad \frac{\partial^2\phi}{\partial x^2} + \frac{\partial^2\phi}{\partial y^2} + \frac{\partial^2\phi}{\partial z^2} = 0 \tag{4.24}$$

したがってポテンシャル流れは，SOR 法などの楕円型方程式の差分法により解くことができる．

4.2.3 渦度方程式と流れ関数

非保存形の 2 次元 INS は，次のように定義される．

$$\frac{\partial u}{\partial x} + \frac{\partial v}{\partial y} = 0 \tag{4.25}$$

$$\frac{\partial u}{\partial t} + u\frac{\partial u}{\partial x} + v\frac{\partial u}{\partial y} = -\frac{\partial p}{\partial x} + \frac{1}{Re}\left(\frac{\partial^2 u}{\partial x^2} + \frac{\partial^2 u}{\partial y^2}\right) \tag{4.26a}$$

$$\frac{\partial v}{\partial t} + u\frac{\partial v}{\partial x} + v\frac{\partial v}{\partial y} = -\frac{\partial p}{\partial y} + \frac{1}{Re}\left(\frac{\partial^2 v}{\partial x^2} + \frac{\partial^2 v}{\partial y^2}\right) \tag{4.26b}$$

運動方程式 (4.26) をそれぞれ y と x で微分したうえで引き算して，変形すると次式が得られる．

$$\frac{\partial\omega}{\partial t} + u\frac{\partial\omega}{\partial x} + v\frac{\partial\omega}{\partial y} = \frac{1}{Re}\left(\frac{\partial^2\omega}{\partial x^2} + \frac{\partial^2\omega}{\partial y^2}\right) \tag{4.27}$$

これは渦度輸送方程式とよばれる．

連続の式を満足する流れ関数 ψ は，次のように定義される．

$$\frac{\partial \psi}{\partial y} = u, \quad \frac{\partial \psi}{\partial x} = -v \tag{4.28}$$

これらを渦度輸送方程式に代入すれば，

$$\frac{\partial \omega}{\partial t} + \frac{\partial \psi}{\partial y}\frac{\partial \omega}{\partial x} - \frac{\partial \psi}{\partial x}\frac{\partial \omega}{\partial y} = \frac{1}{Re}\left(\frac{\partial^2 \omega}{\partial x^2} + \frac{\partial^2 \omega}{\partial y^2}\right) \tag{4.29}$$

が得られる．2 次元渦度は，

$$\omega = \frac{\partial v}{\partial x} - \frac{\partial u}{\partial y}$$

であることから，これに流れ関数を代入すれば次式が得られる．

$$\frac{\partial^2 \psi}{\partial x^2} + \frac{\partial^2 \psi}{\partial y^2} = -\omega \tag{4.30}$$

この式は流れ関数のポアソン方程式になっている．渦度輸送方程式と連立して解けば，2 次元 INS を解いたことと等価になり，解くべき方程式が一つ少なくて済む．また，圧力項がないため圧力場を考える必要がない．一方で，圧力勾配のある流れには適用できない．また，3 次元に拡張すると式を減らすというメリットがなくなるため，この方法は 2 次元に限定される．

4.3　圧力のポアソン方程式

　CNS では，すべての方程式に時間微分項があるため，時間進行法で解くことができる．一方，INS の連続の式には時間微分項がないため，直接解く方法がない．Harlow と Welch[1] は，INS を解く新たな差分解法を提案した．

　式 (4.21) の対流項と粘性項をまとめて，各座標方向について次のように変数を定義する．

$$F_u = -\frac{\partial uu}{\partial x} - \frac{\partial vu}{\partial y} - \frac{\partial wu}{\partial z} + \frac{1}{Re}\left(\frac{\partial^2 u}{\partial x^2} + \frac{\partial^2 u}{\partial y^2} + \frac{\partial^2 u}{\partial z^2}\right) \tag{4.31a}$$

$$F_v = -\frac{\partial uv}{\partial x} - \frac{\partial vv}{\partial y} - \frac{\partial wv}{\partial z} + \frac{1}{Re}\left(\frac{\partial^2 v}{\partial x^2} + \frac{\partial^2 v}{\partial y^2} + \frac{\partial^2 v}{\partial z^2}\right) \tag{4.31b}$$

$$F_w = -\frac{\partial uw}{\partial x} - \frac{\partial vw}{\partial y} - \frac{\partial ww}{\partial z} + \frac{1}{Re}\left(\frac{\partial^2 w}{\partial x^2} + \frac{\partial^2 w}{\partial y^2} + \frac{\partial^2 w}{\partial z^2}\right) \tag{4.31c}$$

これらの変数を用いて，運動方程式は次のように簡略化される．

$$\frac{\partial u}{\partial t} = F_u - \frac{\partial p}{\partial x} \tag{4.32a}$$

$$\frac{\partial v}{\partial t} = F_v - \frac{\partial p}{\partial y} \tag{4.32b}$$

$$\frac{\partial w}{\partial t} = F_w - \frac{\partial p}{\partial z} \tag{4.32c}$$

それぞれの式をさらに x, y, z について偏微分すれば，次のようになる.

$$\frac{\partial}{\partial x}\left(\frac{\partial u}{\partial t}\right) = \frac{\partial}{\partial x}\left(F_u - \frac{\partial p}{\partial x}\right) \tag{4.33a}$$

$$\frac{\partial}{\partial y}\left(\frac{\partial v}{\partial t}\right) = \frac{\partial}{\partial y}\left(F_v - \frac{\partial p}{\partial y}\right) \tag{4.33b}$$

$$\frac{\partial}{\partial z}\left(\frac{\partial w}{\partial t}\right) = \frac{\partial}{\partial z}\left(F_w - \frac{\partial p}{\partial z}\right) \tag{4.33c}$$

これらの式を足し合わせれば，次式が得られる.

$$\frac{\partial}{\partial x}\left(\frac{\partial u}{\partial t}\right) + \frac{\partial}{\partial y}\left(\frac{\partial v}{\partial t}\right) + \frac{\partial}{\partial z}\left(\frac{\partial w}{\partial t}\right)$$
$$= \frac{\partial}{\partial x}\left(F_u - \frac{\partial p}{\partial x}\right) + \frac{\partial}{\partial y}\left(F_v - \frac{\partial p}{\partial y}\right) + \frac{\partial}{\partial z}\left(F_w - \frac{\partial p}{\partial z}\right) \tag{4.34}$$

ここで，偏微分の順序を入れ替えると，次式が得られる.

$$\frac{\partial}{\partial t}\left(\frac{\partial u}{\partial x} + \frac{\partial v}{\partial y} + \frac{\partial w}{\partial z}\right) = \frac{\partial F_u}{\partial x} + \frac{\partial F_v}{\partial y} + \frac{\partial F_w}{\partial z} - \frac{\partial^2 p}{\partial x^2} - \frac{\partial^2 p}{\partial y^2} - \frac{\partial^2 p}{\partial z^2} \tag{4.35}$$

圧力項を左辺にすれば，圧力のポアソン方程式が導出される.

$$\frac{\partial^2 p}{\partial x^2} + \frac{\partial^2 p}{\partial y^2} + \frac{\partial^2 p}{\partial z^2} = \frac{\partial D}{\partial t} + \frac{\partial F_u}{\partial x} + \frac{\partial F_v}{\partial y} + \frac{\partial F_w}{\partial z} \tag{4.36}$$

ただし，

$$D = \frac{\partial u}{\partial x} + \frac{\partial v}{\partial y} + \frac{\partial w}{\partial z} \tag{4.37}$$

である．これは連続の式の左辺に相当するが，その値は 0 ではない.

4.4　MAC 法

Harlow と Welch が提案した MAC 法の最大の特徴は，運動方程式とともに圧力のポアソン方程式を解くところにある．運動方程式は時間微分項があるので，時間進行法により解くことができる．一方，圧力のポアソン方程式は反復法により解く

ことになる．Harlow らは当初，CNS の差分解法と同様に，運動方程式と圧力のポアソン方程式を同一格子点上で解こうとした．ところが，圧力場がチェッカーボード状に数値振動してしまう問題に直面した．そのため，食い違い格子 (staggered grid) を用いて，運動方程式の未知変数 u, v, w，ならびに圧力 p を，すべて違う点上で差分する手法を考案した．

いま，**図 4.1** のように 8 個の格子点をもつ格子セルとよばれる 3 次元の立方体を定義する．x, y, z の方向の格子点番号をそれぞれ，i, j, k として，格子セル番号を (i, j, k) とする．圧力 $p_{i,j,k}$ は格子セル (i, j, k) の中心で定義される．速度 $u_{i,j,k}$, $v_{i,j,k}$, $w_{i,j,k}$ は，格子セル (i, j, k) 表面の中心で定義される．

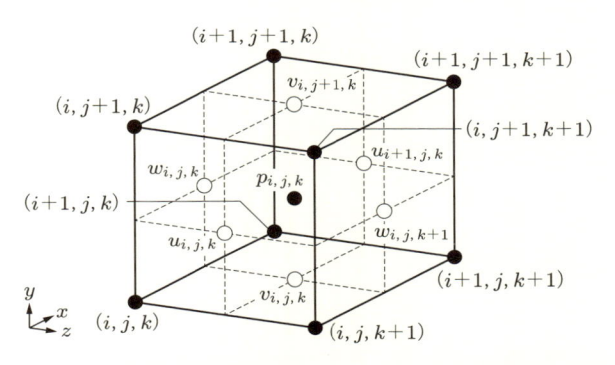

図 4.1　食い違い格子の格子セル (i, j, k) における各格子点の定義

$(F_u)_{i,j,k}$, $(F_v)_{i,j,k}$, $(F_w)_{i,j,k}$ は，それぞれ $u_{i,j,k}$, $v_{i,j,k}$, $w_{i,j,k}$ と同一格子点上で定義される．すなわち，次のようになる．

$$(F_u)_{i,j,k} = -\left(\frac{\partial uu}{\partial x}\right)_{i,j,k} - \left(\frac{\partial vu}{\partial y}\right)_{i,j,k} - \left(\frac{\partial wu}{\partial z}\right)_{i,j,k}$$
$$+ \frac{1}{Re}\left\{\left(\frac{\partial^2 u}{\partial x^2}\right)_{i,j,k} + \left(\frac{\partial^2 u}{\partial y^2}\right)_{i,j,k} + \left(\frac{\partial^2 u}{\partial z^2}\right)_{i,j,k}\right\} \quad (4.38\text{a})$$

$$(F_v)_{i,j,k} = -\left(\frac{\partial uv}{\partial x}\right)_{i,j,k} - \left(\frac{\partial vv}{\partial y}\right)_{i,j,k} - \left(\frac{\partial wv}{\partial z}\right)_{i,j,k}$$
$$+ \frac{1}{Re}\left\{\left(\frac{\partial^2 v}{\partial x^2}\right)_{i,j,k} + \left(\frac{\partial^2 v}{\partial y^2}\right)_{i,j,k} + \left(\frac{\partial^2 v}{\partial z^2}\right)_{i,j,k}\right\} \quad (4.38\text{b})$$

$$(F_w)_{i,j,k} = -\left(\frac{\partial uw}{\partial x}\right)_{i,j,k} - \left(\frac{\partial vw}{\partial y}\right)_{i,j,k} - \left(\frac{\partial ww}{\partial z}\right)_{i,j,k}$$

$$+ \frac{1}{Re} \left\{ \left(\frac{\partial^2 w}{\partial x^2}\right)_{i,j,k} + \left(\frac{\partial^2 w}{\partial y^2}\right)_{i,j,k} + \left(\frac{\partial^2 w}{\partial z^2}\right)_{i,j,k} \right\} \tag{4.38c}$$

次に，$u_{i,j,k}$，$v_{i,j,k}$，$w_{i,j,k}$ と $u_{i+1,j,k}$，$v_{i,j+1,k}$，$w_{i,j,k+1}$ の中間格子点 $u_{i+1/2,j,k}$，$v_{i,j+1/2,k}$，$w_{i,j,k+1/2}$ を，それぞれ図 4.2, 4.3, 4.4 のように定義する．

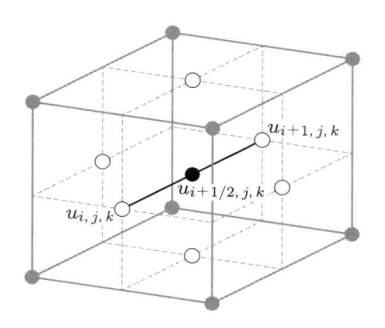

図 4.2　$u_{i+1/2,j,k}$ 格子点

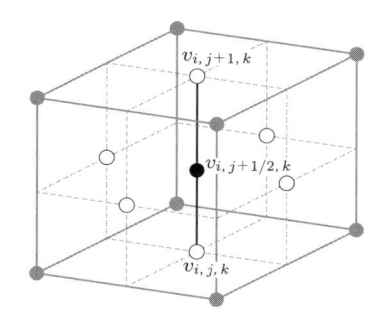

図 4.3　$v_{i,j+1/2,k}$ 格子点

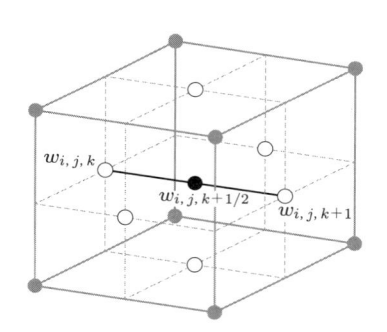

図 4.4　$w_{i,j,k+1/2}$ 格子点

これらを用いて，$(F_u)_{i,j,k}$，$(F_v)_{i,j,k}$，$(F_w)_{i,j,k}$ の右辺の項は，それぞれ次のように差分近似される．

$$\left(\frac{\partial uu}{\partial x}\right)_{i,j,k} = \frac{u_{i+1/2,j,k}u_{i+1/2,j,k} - u_{i-1/2,j,k}u_{i-1/2,j,k}}{\Delta x}$$

$$= \frac{1}{4\Delta x}\{(u_{i+1,j,k} + u_{i,j,k})(u_{i+1,j,k} + u_{i,j,k})$$
$$- (u_{i,j,k} + u_{i-1,j,k})(u_{i,j,k} + u_{i-1,j,k})\} \tag{4.39a}$$

$$\left(\frac{\partial vu}{\partial y}\right)_{i,j,k} = \frac{v_{i-1/2,j+1,k}u_{i,j+1/2,k} - v_{i-1/2,j,k}u_{i,j-1/2,k}}{\Delta y}$$

$$= \frac{1}{4\Delta y}\{(v_{i-1,j+1,k} + v_{i,j+1,k})(u_{i,j,k} + u_{i,j+1,k})$$
$$- (v_{i-1,j,k} + v_{i,j,k})(u_{i,j-1,k} + u_{i,j,k})\} \tag{4.39b}$$

$$\left(\frac{\partial wu}{\partial z}\right)_{i,j,k} = \frac{w_{i-1/2,j,k+1}u_{i,j,k+1/2} - w_{i-1/2,j,k}u_{i,j,k-1/2}}{\Delta z}$$

$$= \frac{1}{4\Delta z}\{(w_{i-1,j,k+1} + w_{i,j,k+1})(u_{i,j,k} + u_{i,j,k+1})$$
$$- (w_{i-1,j,k} + w_{i,j,k})(u_{i,j,k-1} + u_{i,j,k})\} \tag{4.39c}$$

$$\left(\frac{\partial uv}{\partial x}\right)_{i,j,k} = \frac{u_{i+1,j-1/2,k}v_{i+1/2,j,k} - u_{i,j-1/2,k}v_{i-1/2,j,k}}{\Delta x}$$

$$= \frac{1}{4\Delta x}\{(u_{i+1,j-1,k} + u_{i+1,j,k})(v_{i,j,k} + v_{i+1,j,k})$$
$$- (u_{i,j-1,k} + u_{i,j,k})(v_{i-1,j,k} + v_{i,j,k})\} \tag{4.39d}$$

$$\left(\frac{\partial vv}{\partial y}\right)_{i,j,k} = \frac{v_{i,j+1/2,k}v_{i,j+1/2,k} - v_{i,j-1/2,k}v_{i,j-1/2,k}}{\Delta y}$$

$$= \frac{1}{4\Delta y}\{(v_{i,j+1,k} + v_{i,j,k})(v_{i,j,k} + v_{i,j+1,k})$$
$$- (v_{i,j-1,k} + v_{i,j,k})(v_{i,j-1,k} + v_{i,j,k})\} \tag{4.39e}$$

$$\left(\frac{\partial wv}{\partial z}\right)_{i,j,k} = \frac{w_{i,j-1/2,k+1}v_{i,j,k+1/2} - w_{i,j-1/2,k}v_{i,j,k-1/2}}{\Delta z}$$

$$= \frac{1}{4\Delta z}\{(w_{i,j-1,k+1} + w_{i,j,k+1})(v_{i,j,k} + v_{i,j,k+1})$$
$$- (w_{i,j-1,k} + w_{i,j,k})(v_{i,j,k-1} + v_{i,j,k})\} \tag{4.39f}$$

$$\left(\frac{\partial uw}{\partial x}\right)_{i,j,k} = \frac{u_{i+1,j,k-1/2}w_{i+1/2,j,k} - u_{i,j,k-1/2}w_{i-1/2,j,k}}{\Delta x}$$

$$= \frac{1}{4\Delta x}\{(u_{i+1,j,k-1} + u_{i+1,j,k})(w_{i,j,k} + w_{i+1,j,k})$$
$$- (u_{i,j,k-1} + u_{i,j,k})(w_{i-1,j,k} + w_{i,j,k})\} \tag{4.39g}$$

$$\left(\frac{\partial vw}{\partial y}\right)_{i,j,k} = \frac{v_{i,j+1,k-1/2}w_{i,j+1/2,k} - v_{i,j,k-1/2}w_{i,j-1/2,k}}{\Delta y}$$

$$= \frac{1}{4\Delta y}\{(v_{i,j+1,k-1} + v_{i,j+1,k})(w_{i,j,k} + w_{i,j+1,k})$$
$$- (v_{i,j,k-1} + v_{i,j,k})(w_{i,j-1,k} + w_{i,j,k})\} \tag{4.39h}$$

$$\left(\frac{\partial ww}{\partial z}\right)_{i,j,k} = \frac{w_{i,j,k+1/2}w_{i,j,k+1/2} - w_{i,j,k-1/2}w_{i,j,k-1/2}}{\Delta z}$$

$$= \frac{1}{4\Delta z}\{(w_{i,j,k+1} + w_{i,j,k})(w_{i,j,k} + w_{i,j,k+1})$$

$$- (w_{i,j,k-1} + w_{i,j,k})(w_{i,j,k-1} + w_{i,j,k})\} \tag{4.39i}$$

$$\left(\frac{\partial^2 u}{\partial x^2}\right)_{i,j,k} = \frac{u_{i-1,j,k} - 2u_{i,j,k} + u_{i+1,j,k}}{(\Delta x)^2} \tag{4.40a}$$

$$\left(\frac{\partial^2 u}{\partial y^2}\right)_{i,j,k} = \frac{u_{i,j-1,k} - 2u_{i,j,k} + u_{i,j+1,k}}{(\Delta y)^2} \tag{4.40b}$$

$$\left(\frac{\partial^2 u}{\partial z^2}\right)_{i,j,k} = \frac{u_{i,j,k-1} - 2u_{i,j,k} + u_{i,j,k+1}}{(\Delta z)^2} \tag{4.40c}$$

$$\left(\frac{\partial^2 v}{\partial x^2}\right)_{i,j,k} = \frac{v_{i-1,j,k} - 2v_{i,j,k} + v_{i+1,j,k}}{(\Delta x)^2} \tag{4.40d}$$

$$\left(\frac{\partial^2 v}{\partial y^2}\right)_{i,j,k} = \frac{v_{i,j-1,k} - 2v_{i,j,k} + v_{i,j+1,k}}{(\Delta y)^2} \tag{4.40e}$$

$$\left(\frac{\partial^2 v}{\partial z^2}\right)_{i,j,k} = \frac{v_{i,j,k-1} - 2v_{i,j,k} + v_{i,j,k+1}}{(\Delta z)^2} \tag{4.40f}$$

$$\left(\frac{\partial^2 w}{\partial x^2}\right)_{i,j,k} = \frac{w_{i-1,j,k} - 2w_{i,j,k} + w_{i+1,j,k}}{(\Delta x)^2} \tag{4.40g}$$

$$\left(\frac{\partial^2 w}{\partial y^2}\right)_{i,j,k} = \frac{w_{i,j-1,k} - 2w_{i,j,k} + w_{i,j+1,k}}{(\Delta y)^2} \tag{4.40h}$$

$$\left(\frac{\partial^2 w}{\partial z^2}\right)_{i,j,k} = \frac{w_{i,j,k-1} - 2w_{i,j,k} + w_{i,j,k+1}}{(\Delta z)^2} \tag{4.40i}$$

残りの項である圧力微分項は，x, y, z の方向について，それぞれ次のように差分近似される.

$$\left(\frac{\partial p}{\partial x}\right)_{i,j,k} = \frac{p_{i,j,k} - p_{i-1,j,k}}{\Delta x} \tag{4.41a}$$

$$\left(\frac{\partial p}{\partial y}\right)_{i,j,k} = \frac{p_{i,j,k} - p_{i,j-1,k}}{\Delta y} \tag{4.41b}$$

$$\left(\frac{\partial p}{\partial z}\right)_{i,j,k} = \frac{p_{i,j,k} - p_{i,j,k-1}}{\Delta z} \tag{4.41c}$$

格子セル (i, j, k) における時間微分項は，次のようになる.

$$\left(\frac{\partial u}{\partial t}\right)_{i,j,k} = (F_u)_{i,j,k} - \left(\frac{\partial p}{\partial x}\right)_{i,j,k} \tag{4.42a}$$

$$\left(\frac{\partial v}{\partial t}\right)_{i,j,k} = (F_v)_{i,j,k} - \left(\frac{\partial p}{\partial y}\right)_{i,j,k} \tag{4.42b}$$

$$\left(\frac{\partial w}{\partial t}\right)_{i,j,k} = (F_w)_{i,j,k} - \left(\frac{\partial p}{\partial z}\right)_{i,j,k} \tag{4.42c}$$

時間微分項に 1 次精度差分近似を適用すれば，

$$\frac{u_{i,j,k}^{n+1} - u_{i,j,k}^{n}}{\Delta t} = (F_u)_{i,j,k} - \left(\frac{\partial p}{\partial x}\right)_{i,j,k} \tag{4.43a}$$

$$\frac{v_{i,j,k}^{n+1} - v_{i,j,k}^{n}}{\Delta t} = (F_v)_{i,j,k} - \left(\frac{\partial p}{\partial y}\right)_{i,j,k} \tag{4.43b}$$

$$\frac{w_{i,j,k}^{n+1} - w_{i,j,k}^{n}}{\Delta t} = (F_w)_{i,j,k} - \left(\frac{\partial p}{\partial z}\right)_{i,j,k} \tag{4.43c}$$

となる．未知の変数の上付き記号 n は時間ステップである．時間ステップ $n+1$ における未知変数は，時間進行法により次式のような代数式を繰り返し計算することで求められる．

$$u_{i,j,k}^{n+1} = u_{i,j,k}^{n} + \Delta t \left\{ (F_u)_{i,j,k}^{n} - \left(\frac{\partial p}{\partial x}\right)_{i,j,k}^{n} \right\} \tag{4.44a}$$

$$v_{i,j,k}^{n+1} = v_{i,j,k}^{n} + \Delta t \left\{ (F_v)_{i,j,k}^{n} - \left(\frac{\partial p}{\partial y}\right)_{i,j,k}^{n} \right\} \tag{4.44b}$$

$$v_{i,j,k}^{n+1} = v_{i,j,k}^{n} + \Delta t \left\{ (F_w)_{i,j,k}^{n} - \left(\frac{\partial p}{\partial z}\right)_{i,j,k}^{n} \right\} \tag{4.44c}$$

次に，格子セル (i,j,k) における圧力のポアソン方程式は，$p_{i,j,k}$ が定義される格子点上で次のようになり，反復法により $p_{i,j,k}$ が求められる．

$$\left(\frac{\partial^2 p}{\partial x^2}\right)_{i,j,k} + \left(\frac{\partial^2 p}{\partial y^2}\right)_{i,j,k} + \left(\frac{\partial^2 p}{\partial z^2}\right)_{i,j,k}$$
$$= \left(\frac{\partial D}{\partial t}\right)_{i,j,k} + \left(\frac{\partial F_u}{\partial x}\right)_{i,j,k} + \left(\frac{\partial F_v}{\partial y}\right)_{i,j,k} + \left(\frac{\partial F_w}{\partial z}\right)_{i,j,k} \tag{4.45}$$

上式の右辺第 1 項は，時間方向に 1 次精度で差分近似すれば次のようになる．

$$\left(\frac{\partial D}{\partial t}\right)_{i,j,k} = \frac{D^{n+1} - D^n}{\Delta t} \tag{4.46}$$

D は連続の式の左辺にあたり，このままだと $n+1$ 時間ステップでの D^{n+1} を反復法により計算しなければならないが，それは現実的ではない．Harlow らは，次

のように時間ステップ $n+1$ で連続の式が満たされると仮定した.

$$D^{n+1} = 0 \tag{4.47}$$

これにより, D の時間微分項は次のように簡略化される.

$$\left(\frac{\partial D}{\partial t}\right)_{i,j,k} = -\frac{D^n}{\Delta t} \tag{4.48}$$

一方, 右辺の第 2 項から第 4 項までは, 次のように差分近似される.

$$\left(\frac{\partial F_u}{\partial x}\right)_{i,j,k} = \frac{(F_u)_{i+1,j,k} - (F_u)_{i,j,k}}{\Delta x} \tag{4.49a}$$

$$\left(\frac{\partial F_v}{\partial y}\right)_{i,j,k} = \frac{(F_v)_{i,j+1,k} - (F_v)_{i,j,k}}{\Delta y} \tag{4.49b}$$

$$\left(\frac{\partial F_w}{\partial z}\right)_{i,j,k} = \frac{(F_w)_{i,j,k+1} - (F_w)_{i,j,k}}{\Delta z} \tag{4.49c}$$

式 (4.45) の右辺を

$$f_{i,j,k} = \left(\frac{\partial D}{\partial t}\right)_{i,j,k} + \left(\frac{\partial F_u}{\partial x}\right)_{i,j,k} + \left(\frac{\partial F_v}{\partial y}\right)_{i,j,k} + \left(\frac{\partial F_w}{\partial z}\right)_{i,j,k} \tag{4.50}$$

と定義すれば, 圧力のポアソン方程式は次のように簡略化される.

$$\left(\frac{\partial^2 p}{\partial x^2}\right)_{i,j,k} + \left(\frac{\partial^2 p}{\partial y^2}\right)_{i,j,k} + \left(\frac{\partial^2 p}{\partial z^2}\right)_{i,j,k} = f_{i,j,k} \tag{4.51}$$

これを 2 次精度中心差分近似すれば, 次式のようになる.

$$\frac{p_{i+1,j,k} - 2p_{i,j,k} + p_{i-1,j,k}}{(\Delta x)^2} + \frac{p_{i,j+1,k} - 2p_{i,j,k} + p_{i,j-1,k}}{(\Delta y)^2}$$
$$+ \frac{p_{i,j,k+1} - 2p_{i,j,k} + p_{i,j,k-1}}{(\Delta z)^2} = f_{i,j,k} \tag{4.52}$$

この式から $p_{i,j,k}$ の式を導出すると,

$$p_{i,j,k} = \frac{1}{L}\left\{\frac{p_{i+1,j,k} + p_{i-1,j,k}}{(\Delta x)^2} + \frac{p_{i,j+1,k} + p_{i,j-1,k}}{(\Delta y)^2} + \frac{p_{i,j,k+1} + p_{i,j,k-1}}{(\Delta z)^2} - f_{i,j,k}\right\} \tag{4.53}$$

となる. ただし, $L = 2/(\Delta x)^2 + 2/(\Delta y)^2 + 2/(\Delta z)^2$ である. 反復法として SOR 法を適用すれば,

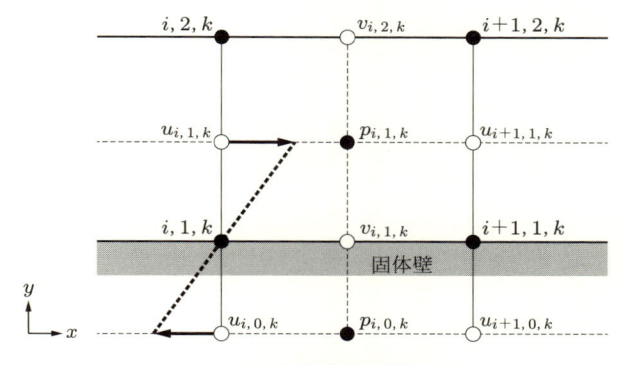

図 4.5　境界条件の処理

$$p_{i,j,k}^{n+1} = (1-\omega)p_{i,j,k}^n + \frac{\omega}{L}\left\{\frac{p_{i+1,j,k}^n + p_{i-1,j,k}^{n+1}}{(\Delta x)^2} + \frac{p_{i,j+1,k}^n + p_{i,j-1,k}^{n+1}}{(\Delta y)^2}\right.$$
$$\left. + \frac{p_{i,j,k+1}^n + p_{i,j,k-1}^{n+1}}{(\Delta z)^2} - f_{i,j,k}^n\right\} \tag{4.54}$$

となる. ここで, ω は過緩和係数であり, $1 < \omega < 2$ の値に設定される.

　食い違い格子を用いる MAC 法で粘性流れを計算する場合には, 境界条件の処理にも注意が必要となる. 図 4.5 は, y 方向下辺に固体壁を定義した場合の境界近傍における計算格子を示す. 格子点 $(i,1,k)$ と $(i+1,1,k)$ は, 固体壁の境界上に位置する. 粘性流れの境界層では, 固体壁の境界上の速度 u,v,w はすべて 0 になる. また, 境界層近似から, 境界層内の圧力は固体壁境界から法線方向に $\partial p/\partial y = 0$ になる. 食い違い格子を使用すると, 図に示すように, $v_{i,1,k} = 0$ のみ固体壁境界で定義できる. 一方, $u_{i,1,k}$ と $w_{i,1,k}$ は固定壁境界上に定義されていない. これらは, 反射境界条件を用いて計算される. たとえば, $u_{i,1,k}$ について固定壁境界内部に格子点 $(i,0,k)$ を追加して $u_{i,0,k} = -u_{i,1,k}$ とすることにより, 固定壁境界上で $u = 0$ になるようにする. $w_{i,1,k}$ も同様である. また, 圧力 $p_{i,1,k}$ は, $\partial p/\partial y = 0$ から $p_{i,0,k} = p_{i,1,k}$ と与えられる.

4.5　部分段階法と SMAC 法

　MAC 法の運動方程式と圧力のポアソン方程式をベクトル表記すると, 次式のようになる.

$$\mathbf{u}_t + \nabla \cdot \mathbf{u}\mathbf{u} = -\nabla p + \frac{1}{Re}\nabla^2 \mathbf{u} \tag{4.55}$$

$$\nabla^2 p = -\nabla \cdot \left(\mathbf{u}_t + \nabla \cdot \mathbf{u}\mathbf{u} - \frac{1}{Re}\nabla^2 \mathbf{u} \right) \tag{4.56}$$

　運動方程式は時間進行法で，また圧力のポアソン方程式は SOR 法などの反復法により計算される．MAC 法を改良した代表的な方法に，部分段階法（fractional step method）[2] と SMAC 法（simplified MAC method）[3] があるので，ここで簡単に紹介する．

　まず，式 (4.31) に基づき，$\mathbf{F} = -\nabla \cdot \mathbf{u}\mathbf{u} + \nabla^2 \mathbf{u}/Re$ とおいて，式 (4.55) を時間方向のみ差分近似した式は次のようになる．

$$\mathbf{u}^{n+1} = \mathbf{u}^n + \Delta t(\mathbf{F}^n - \nabla p^n) \tag{4.57}$$

$$\nabla^2 p^{n+1} = \frac{\nabla \cdot \mathbf{u}^n}{\Delta t} - \nabla \cdot \left(\nabla \cdot \mathbf{u}\mathbf{u} - \frac{1}{Re}\nabla^2 \mathbf{u} \right)^n \tag{4.58}$$

　部分段階法では，運動方程式の差分近似式を 2 段階に分けた次式が計算される．

$$\mathbf{u}^* = \mathbf{u}^n + \Delta t\mathbf{F}^n \tag{4.59}$$

$$\nabla^2 p^{n+1} = \frac{\nabla \cdot \mathbf{u}^*}{\Delta t} \tag{4.60}$$

$$\mathbf{u}^{n+1} = \mathbf{u}^* - \Delta t\nabla p^{n+1} \tag{4.61}$$

$\mathbf{u}^*$ は $\mathbf{u}^n$ と $\mathbf{u}^{n+1}$ の中間値にあたる．また，式 (4.58) における右辺を簡略化して計算するのが部分段階法の特徴であり，これにより計算量が削減される．

　一方，SMAC 法は次式のように 4 段階で計算されるが，部分段階法が併用されている．

$$\mathbf{u}^* = \mathbf{u}^n + \Delta t(\mathbf{F}^n - \nabla p^n) \tag{4.62}$$

$$\nabla^2 \phi^{n+1} = \frac{\nabla \cdot \mathbf{u}^*}{\Delta t} \tag{4.63}$$

$$\mathbf{u}^{n+1} = \mathbf{u}^* - \Delta t \cdot \nabla \phi^{n+1} \tag{4.64}$$

$$p^{n+1} = p^n + \phi^{n+1} \tag{4.65}$$

　圧力のポアソン方程式を計算するためには，境界条件として，ディリクレ境界条件の場合には圧力自体，ノイマン境界条件の場合には圧力の微分値を与える必要がある．SMAC 法では，新たにパラメータ $\phi^{n+1} = p^{n+1} - p^n$ が定義され，圧力のポアソン方程式の代わりに ϕ^{n+1} のポアソン方程式が計算される．ϕ^{n+1} のポアソン

方程式では，ディリクレ，ノイマンいずれの境界条件においても，値 0 を与えるだけで処理できる．したがって，SMAC 法ではポアソン方程式の境界処理が格段に簡単になる．

4.6 埋め込み境界法

Peskin[4] は，心臓内の血流を差分計算するために埋め込み境界法（immersed boundary method：IB 法）を提案した．IB 法では，流れ場の計算格子には直交格子が使われる．心臓の形状を模した計算格子は直交格子内に埋め込まれ，埋め込まれた計算格子の境界で外力が計算される．Clarke ら[5] は非粘性流れに同様の方法を応用し，Udaykumar ら[6] は非定常粘性流れに拡張した．Mittal ら[7] は，これらの手法をすべてまとめて IB 法と命名した．

ここでは，筆者らが提案した簡単な IB 法[8] を使って，球周りの非圧縮性粘性流れを計算した結果について紹介する．IB 法は二つのアプローチに分類される．一つは feedback forcing method，もう一つは direct forcing method であるが，ここでの IB 法は後者に基づいている．

まず，運動方程式に外力 G を付加する．

$$\frac{\partial u}{\partial t} = F_u - \frac{\partial p}{\partial x} + G_x \tag{4.66a}$$

$$\frac{\partial v}{\partial t} = F_v - \frac{\partial p}{\partial y} + G_y \tag{4.66b}$$

$$\frac{\partial w}{\partial t} = F_w - \frac{\partial p}{\partial z} + G_z \tag{4.66c}$$

時間進行法を適用すれば，一連の運動方程式はベクトル形式で次のように表される．

$$\frac{\mathbf{u}^{n+1} - \mathbf{u}^n}{\Delta t} = \mathbf{F}^n - \nabla p^n + \mathbf{G}^n \tag{4.67}$$

これより，外力 G は次のように逆算される．

$$\mathbf{G}^n = -\mathbf{F}^n + \nabla p^n + \frac{\mathbf{u}^{IB} - \mathbf{u}^n}{\Delta t} \tag{4.68}$$

ただし，$\mathbf{u}^{IB}$ は IB 法により得られた修正速度ベクトルである．この処理では，$\mathbf{u}^{n+1}$ が $\mathbf{u}^{IB}$ に強制的に置き換えられる．ここでは，$\mathbf{u}^{IB}$ を求めるために簡単な 1 次補間を用いる．図 4.6 に物体表面格子付近の圧力と x 方向速度を示す．三角

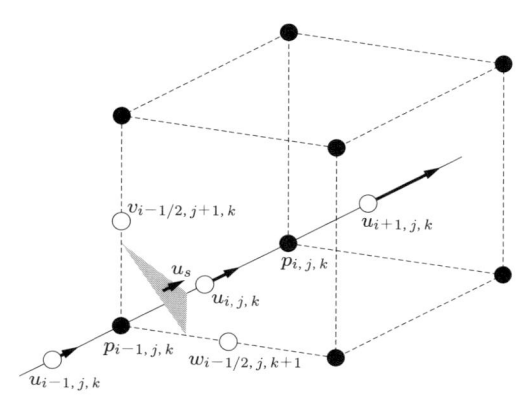

図4.6　$\mathbf{u}^{IB}$ 補間の模式図

形面は格子セル (i, j, k) と交差した物体表面格子の一部と仮定し，格子点 $u_{i-1,j,k}$，$p_{i-1,j,k}$ は物体内部にあるとする．また，物体は x 方向 u_s の速度で移動している．$u_{i,j,k}$ は，$u_{i+1,j,k}$ と $u_{i-1,j,k}$ の線形補間により求めた $u_{i,j,k}^{IB}$ に強制的に置き換えられる．$v_{i,j,k}^{IB}$ と $w_{i,j,k}^{IB}$ も同様に計算する．たとえば，物体が止まっている場合には，u_s ならびに $u_{i-1,j,k}$ は 0 になる．また，物体内部に相当する圧力 $p_{i-1,j,k}$ は $p_{i,j,k}$ の値を与える．

　図 4.7 に，流れ場の計算格子と球の表面格子を示す．三角形から構成される表面格子は計算格子内部に埋め込まれる．球の直径 D に対して，計算領域は $10D \times 7.5D \times 7.5D$ とした．均一流入速度を仮定して，ほかの境界には法線方向勾配なしのノイマン境界条件を設定する．表4.1 に示すように，異なる格子点数の 3 種類の計算格子を使用して，解の計算格子への依存性を調べた．

　図 4.8 に，計算により得られた球後方に形成された渦長さを，Taneda[9]，

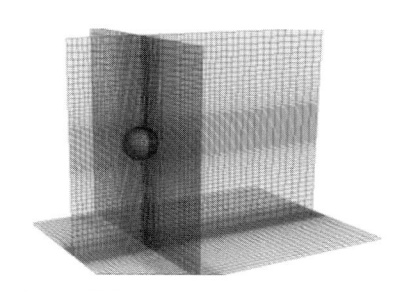

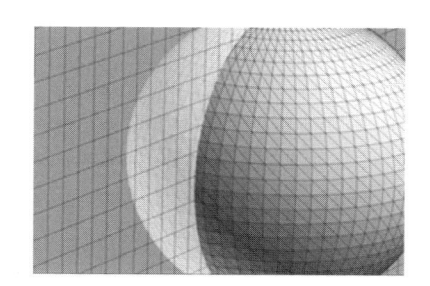

（a）計算格子と組み込まれた球表面格子　　　　　（b）球表面格子の拡大

図4.7　計算格子と球表面格子

表 4.1　格子点数と間隔

計算格子	格子 1	格子 2	格子 3
格子点数	$62 \times 53 \times 53$	$121 \times 109 \times 109$	$151 \times 147 \times 147$
格子間隔の最小値	$0.1D$	$0.025D$	$0.02D$

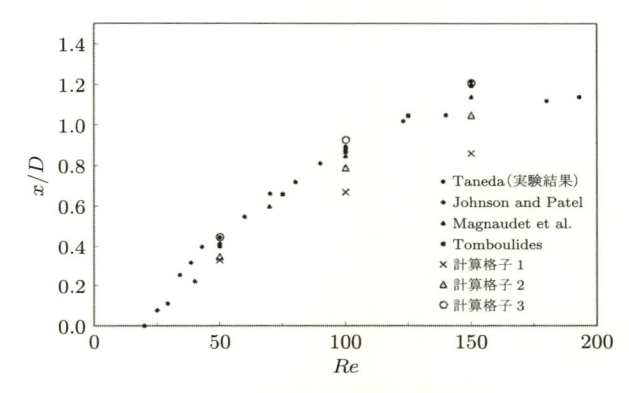

図 4.8　渦長さの計算と実験結果

Tomboulides[10], Magnaudet[11], Johnson[12] による数値計算ならびに実験結果と比較した．格子点数を増やすにつれて，得られた結果は既存の結果に近づいている．以降，計算格子 3 で得られた結果に基づき考察する．

表 4.2 に，レイノルズ数 $Re = 50, 100, 150$ の場合に計算により得られた抗力係数 C_D と揚力係数 C_L を示す．Kim[13] と Fornberg[14] では，$Re = 100$ でそれぞれ，C_D は 1.087 ならびに 1.085 であると報告されている．結果はそれらの中間値になった．

表 4.2　抗力係数 C_D と揚力係数 C_L

Re	C_D	C_L
50	1.575	1.27×10^{-2}
100	1.086	5.20×10^{-3}
150	0.879	2.23×10^{-3}

図 4.9 に，xy 平面上における $Re = 100$ の場合の 2 次元流線と球後方の 3 次元流線を示す．xy 平面の 2 次元流線は双子渦が捕獲されていることを示している．さらに，3 次元流線からは球後方にドーナツ状の渦を形成していることがわかる．

IB 法を用いれば，より複雑な形状の物体周りにおける非圧縮性粘性流れを，比較的簡単に計算できる．図 4.10 に，貫通孔ならびに突起形状をもつ球周りの表面

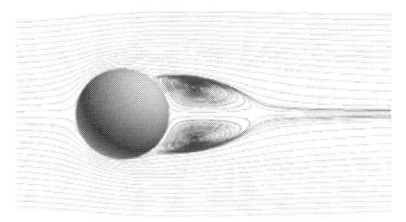
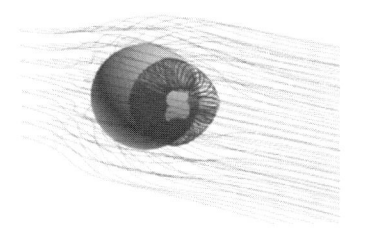

（a）2 次元流線   （b）球後方の 3 次元流線

図 4.9   計算により得られた流線（$Re = 100$）

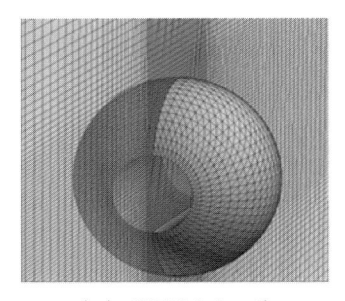

（a）貫通孔をもつ球   （b）突起形状をもつ球

図 4.10   複雑な形状の表面格子

格子を示す．球表面は貫通孔表面や突起物を含めて，すべて三角形で構成された計算格子からなっている．図 4.11, 4.12 に，それぞれの球周りの計算により得られた 2 次元流線と球後方の 3 次元流線を示す．流れ条件は前例の $Re = 100$ と同じである．単純な球周りの流れと比較して，複雑な流線が捉えられているのがわかる．

　複雑な表面格子を入手すれば，たとえば，図 4.13 に示すような，自動車形状周りの非圧縮性粘性流れを数値計算することも可能である．流線とともに，自動車表

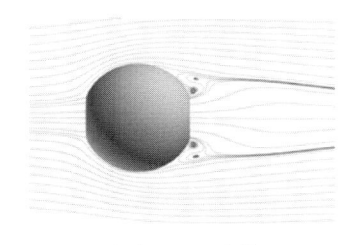
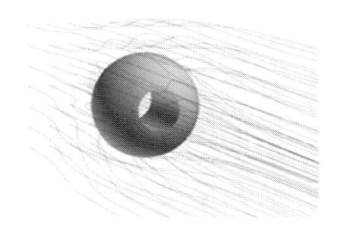

（a）2 次元流線   （b）球後方の 3 次元流線

図 4.11   貫通孔をもつ球周りの流線

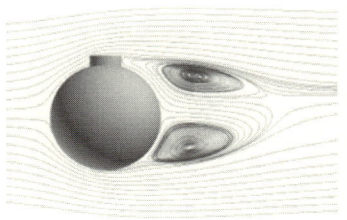

（a）2 次元流線　　　　　　　　　　（b）球後方の 3 次元流線

図 4.12　突起形状をもつ球周りの流線

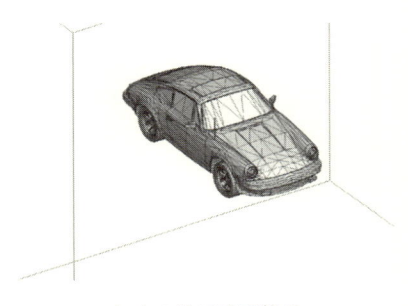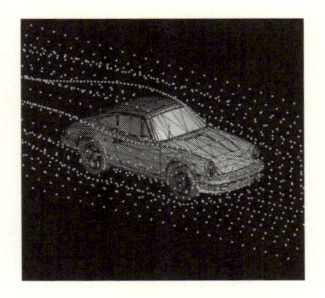

（a）3 次元表面格子　　　　　　（b）3 次元流線と表面圧力分布の可視化

図 4.13　自動車形状周りの流れの数値計算

面には圧力分布も示されている．ただし，ここで用いた IB 法は低レイノルズ数流れに限定された方法であることに注意が必要である．高レイノルズ数流れでは，より複雑な手法が必要になる．

5

圧縮性ナビエ・ストークス方程式の差分解法

5.1 基礎方程式のベクトル・テンソル表記

本章では，化学反応，凝縮・蒸発，遠心力・コリオリ力などを伴うような圧縮性流れの差分解法について説明する．このような複数の物理現象を含む流れをマルチフィジックス熱流動問題といい，その数値計算に関する研究分野はマルチフィジックス CFD（multiphysics CFD）とよばれる．マルチフィジックス熱流動問題では，一般に流れの非圧縮性は仮定できず，圧縮性ナビエ・ストークス方程式（CNS）を解くことが必要になる．

CNS と理想気体の状態方程式は，4.1 節ですでに定義した．ベクトル・テンソル表記された 3 次元 CNS を改めて示せば，次のようになる．

$$\frac{\partial Q}{\partial t} + \frac{\partial F_i}{\partial x_i} = \frac{\partial F_{vi}}{\partial x_i} \tag{5.1}$$

$$Q = \begin{bmatrix} \rho \\ \rho u_1 \\ \rho u_2 \\ \rho u_3 \\ e \end{bmatrix}, \quad F_i = \begin{bmatrix} \rho u_i \\ \rho u_1 u_i + \delta_{1i} p \\ \rho u_2 u_i + \delta_{2i} p \\ \rho u_3 u_i + \delta_{3i} p \\ (e+p) u_i \end{bmatrix}, \quad F_{vi} = \begin{bmatrix} 0 \\ \tau_{1i} \\ \tau_{2i} \\ \tau_{3i} \\ \tau_{ki} u_k + \kappa \partial T / \partial x_i \end{bmatrix}$$

2 次元 CNS も，3 次元 CNS から簡単に導出することができる．

$$Q = \begin{bmatrix} \rho \\ \rho u_1 \\ \rho u_2 \\ e \end{bmatrix}, \quad F_i = \begin{bmatrix} \rho u_i \\ \rho u_1 u_i + \delta_{1i} p \\ \rho u_2 u_i + \delta_{2i} p \\ (e+p) u_i \end{bmatrix}, \quad F_{vi} = \begin{bmatrix} 0 \\ \tau_{1i} \\ \tau_{2i} \\ \tau_{ki} u_k + \kappa \partial T / \partial x_i \end{bmatrix}$$

3 次元 CNS をベクトルのみに展開すれば，次のようになる．

$$\frac{\partial Q}{\partial t} + \frac{\partial F}{\partial x} + \frac{\partial G}{\partial y} + \frac{\partial H}{\partial z} = \frac{\partial F_v}{\partial x} + \frac{\partial G_v}{\partial y} + \frac{\partial H_v}{\partial z} \tag{5.2}$$

ただし，

$$Q = \begin{bmatrix} \rho \\ \rho u \\ \rho v \\ \rho w \\ e \end{bmatrix}, \quad F = \begin{bmatrix} \rho u \\ \rho u u + p \\ \rho v u \\ \rho w u \\ (e+p)u \end{bmatrix}, \quad G = \begin{bmatrix} \rho v \\ \rho u v \\ \rho v v + p \\ \rho w v \\ (e+p)v \end{bmatrix}, \quad H = \begin{bmatrix} \rho w \\ \rho u w \\ \rho v w \\ \rho w w + p \\ (e+p)w \end{bmatrix}$$

$$F_v = \begin{bmatrix} 0 \\ \tau_{xx} \\ \tau_{yx} \\ \tau_{zx} \\ \tau_{xx}u + \tau_{yx}v + \tau_{zx}w + \kappa\partial T/\partial x \end{bmatrix},$$

$$G_v = \begin{bmatrix} 0 \\ \tau_{xy} \\ \tau_{yy} \\ \tau_{zy} \\ \tau_{xy}u + \tau_{yy}v + \tau_{zy}w + \kappa\partial T/\partial y \end{bmatrix},$$

$$H_v = \begin{bmatrix} 0 \\ \tau_{xz} \\ \tau_{yz} \\ \tau_{zz} \\ \tau_{xz}u + \tau_{yz}v + \tau_{zz}w + \kappa\partial T/\partial z \end{bmatrix}$$

である. 粘性応力は，次のように展開される.

$$\tau_{xx} = \mu\left\{ \left(\frac{\partial u}{\partial x} + \frac{\partial u}{\partial x}\right) - \frac{2}{3}\left(\frac{\partial u}{\partial x} + \frac{\partial v}{\partial y} + \frac{\partial w}{\partial z}\right) \right\} \tag{5.3a}$$

$$\tau_{xy} = \mu\left(\frac{\partial u}{\partial y} + \frac{\partial v}{\partial x}\right) = \tau_{yx} \tag{5.3b}$$

$$\tau_{xz} = \mu\left(\frac{\partial u}{\partial z} + \frac{\partial w}{\partial x}\right) = \tau_{zx} \tag{5.3c}$$

$$\tau_{yy} = \mu\left\{ \left(\frac{\partial v}{\partial y} + \frac{\partial v}{\partial y}\right) - \frac{2}{3}\left(\frac{\partial u}{\partial x} + \frac{\partial v}{\partial y} + \frac{\partial w}{\partial z}\right) \right\} \tag{5.3d}$$

$$\tau_{yz} = \mu\left(\frac{\partial y}{\partial z} + \frac{\partial w}{\partial y}\right) = \tau_{zy} \tag{5.3e}$$

$$\tau_{zz} = \mu\left\{ \left(\frac{\partial w}{\partial z} + \frac{\partial w}{\partial z}\right) - \frac{2}{3}\left(\frac{\partial u}{\partial x} + \frac{\partial v}{\partial y} + \frac{\partial w}{\partial z}\right) \right\} \tag{5.3f}$$

　マルチフィジックス熱流動問題では，この CNS を基礎方程式として，各種の生成項や外力項などが付加される. これらの項は概して複雑な物理定数などを伴い，それぞれ次元をもっているため，これらの項も含めて CNS を無次元化する必要がある. 次節でその方法を説明する.

5.2   CNS の無次元化

付加項を含む CNS の無次元化は，すでに無次元化された CNS に，無次元化した生成項を付加することで得られる．ここでは，生成項を簡単に無次元化する方法について説明する．

まず，式 (4.4)〜(4.6) で表される 3 次元 CNS に，生成項 s_ℓ $(\ell = 1, \cdots, 5)$ を付加する．すなわち，

$$\frac{\partial \rho}{\partial t} + \frac{\partial}{\partial x_i}(\rho u_i) = s_1 \tag{5.4}$$

$$\frac{\partial}{\partial t}(\rho u_j) + \frac{\partial}{\partial x_i}(\rho u_i u_j + \delta_{ij} p) = \frac{\partial}{\partial x_i}(\tau_{ij}) + s_{1+j} \tag{5.5}$$

$$\frac{\partial e}{\partial t} + \frac{\partial}{\partial x_i}\{(e + p)u_i\} = \frac{\partial}{\partial x_i}\left(\tau_{ik} u_k + \kappa \frac{\partial T}{\partial x_i}\right) + s_5 \tag{5.6}$$

とする．すべての変数は，次のように無次元化される．

$$\bar{x}_j = \frac{x_j}{L}, \quad \bar{t} = \frac{t}{t_{\text{ref}}}, \quad \bar{\rho} = \frac{\rho}{\rho_\infty}, \quad \bar{u}_j = \frac{u_j}{V_\infty}, \quad \bar{e} = \frac{e}{\rho_\infty V_\infty^2}, \quad \bar{p} = \frac{p}{\rho_\infty V_\infty^2},$$

$$\bar{T} = \frac{T}{T_\infty}, \quad \bar{\mu} = \frac{\mu}{\mu_\infty}, \quad \bar{\kappa} = \frac{\kappa}{\kappa_\infty} \tag{5.7}$$

オーバーラインは無次元化された変数を表す．L [m]，ρ_∞ [kg/m^3]，V_∞ [m/s] は長さ，密度，速度の代表値で，$t_{\text{ref}} = L/V_\infty$ である．$T_\infty, \mu_\infty, \kappa_\infty$ は温度，分子粘性係数，熱伝導率の代表値である．

式 (5.7) を用いて，式 (5.4) は次のように無次元化される．

$$\frac{\partial \rho}{\partial t} + \frac{\partial}{\partial x_i}(\rho u_i) = s_1$$

$$\frac{\partial(\bar{\rho}\rho_\infty)}{\partial(\bar{t} t_{\text{ref}})} + \frac{\partial}{\partial(\bar{x}_i L)}(\bar{\rho}\rho_\infty \bar{u}_i V_\infty) = s_1$$

$$\frac{\rho_\infty}{t_{\text{ref}}} \frac{\partial \bar{\rho}}{\partial \bar{t}} + \frac{\rho_\infty V_\infty}{L} \frac{\partial}{\partial \bar{x}_i}(\bar{\rho}\bar{u}_i) = s_1$$

$$\frac{\partial \bar{\rho}}{\partial \bar{t}} + \frac{\partial}{\partial \bar{x}_i}(\bar{\rho}\bar{u}_i) = \frac{L}{\rho_\infty V_\infty} s_1 \tag{5.8}$$

生成項を含まない場合の無次元化された質量保存則は，上式の左辺 $= 0$ で表される．したがって，上式の右辺 $(L/\rho_\infty V_\infty)s_1$ は無次元でなければならない．すなわち，質量保存則の生成項 s_1 は $L/\rho_\infty V_\infty$ を乗じることで無次元化される．

同様に，運動量保存則の式 (5.5) は次のように無次元化される．

$$\frac{\partial}{\partial t}(\rho u_j) + \frac{\partial}{\partial x_i}(\rho u_i u_j + \delta_{ij} p) = \frac{\partial}{\partial x_i}(\tau_{ij}) + s_{1+j}$$

$$\frac{\partial}{\partial(\bar{t}t_{\text{ref}})}(\bar{\rho}\rho_\infty \bar{u}_j V_\infty) + \frac{\partial}{\partial(\bar{x}_i L)}(\bar{\rho}\rho_\infty \bar{u}_i V_\infty \bar{u}_j V_\infty + \delta_{ij}\bar{p}\rho_\infty V_\infty^2)$$

$$= \frac{\partial}{\partial(\bar{x}_i L)}\left(\bar{\tau}_{ij}\frac{\mu_\infty V_\infty}{L}\right) + s_{1+j}$$

$$\frac{\rho_\infty V_\infty}{t_{\text{ref}}}\frac{\partial}{\partial \bar{t}}(\bar{\rho}\bar{u}_j) + \frac{\rho_\infty V_\infty^2}{L}\frac{\partial}{\partial \bar{x}_i}(\bar{\rho}\bar{u}_i\bar{u}_j + \delta_{ij}\bar{p}) = \frac{\mu_\infty V_\infty}{L^2}\frac{\partial}{\partial \bar{x}_i}(\bar{\tau}_{ij}) + s_{1+j}$$

$$\frac{\partial}{\partial \bar{t}}(\bar{\rho}\bar{u}_j) + \frac{\partial}{\partial \bar{x}_i}(\bar{\rho}\bar{u}_i\bar{u}_j + \delta_{ij}\bar{p}) = \frac{\mu_\infty}{\rho_\infty V_\infty L}\frac{\partial}{\partial \bar{x}_i}(\bar{\tau}_{ij}) + \frac{L}{\rho_\infty V_\infty^2}s_{1+j} \tag{5.9}$$

さらに，レイノルズ数は $Re = \rho_\infty V_\infty L/\mu_\infty$ であることから，

$$\frac{\partial}{\partial \bar{t}}(\bar{\rho}\bar{u}_j) + \frac{\partial}{\partial \bar{x}_i}(\bar{\rho}\bar{u}_i\bar{u}_j + \delta_{ij}\bar{p}) = \frac{1}{Re}\frac{\partial}{\partial \bar{x}_i}(\bar{\tau}_{ij}) + \frac{L}{\rho_\infty V_\infty^2}s_{1+j} \tag{5.10}$$

となる．$\bar{\tau}_{ij}$ は無次元化された粘性応力テンソル

$$\bar{\tau}_{ij} = \bar{\mu}\left\{\left(\frac{\partial \bar{u}_i}{\partial \bar{x}_j} + \frac{\partial \bar{u}_j}{\partial \bar{x}_i}\right) - \frac{2}{3}\delta_{ij}\frac{\partial \bar{u}_k}{\partial \hat{x}_k}\right\} \quad (i, j = 1, 2, 3) \tag{5.11}$$

である．ただし，$\bar{\mu}$ は無次元化された分子粘性係数である．したがって，運動量保存則の生成項 s_{1+j} は $L/\rho_\infty V_\infty^2$ を乗じることで無次元化される．

最後に，エネルギー保存則の式 (5.6) は次のように無次元化される．

$$\frac{\partial e}{\partial t} + \frac{\partial}{\partial x_i}\{(e + p)u_i\} = \frac{\partial}{\partial x_i}\left(\tau_{ik}u_k + \kappa\frac{\partial T}{\partial x_i}\right) + s_5$$

$$\frac{\partial(\bar{e}\rho_\infty V_\infty^2)}{\partial(\bar{t}t_{\text{ref}})} + \frac{\partial}{\partial(\bar{x}_i L)}\{(\bar{e}\rho_\infty V_\infty^2 + \bar{p}\rho_\infty V_\infty^2)\bar{u}_i V_\infty\}$$

$$= \frac{\partial}{\partial(\bar{x}_i L)}\left(\frac{\mu_\infty V_\infty^2}{L}\bar{\tau}_{ik}\bar{u}_k + \frac{\kappa_\infty T_\infty}{L}\bar{\kappa}\frac{\partial \bar{T}}{\partial \bar{x}_i}\right) + s_5$$

$$\frac{\rho_\infty V_\infty^3}{L}\frac{\partial \bar{e}}{\partial \bar{t}} + \frac{\rho_\infty V_\infty^3}{L}\frac{\partial}{\partial \bar{x}_i}\{(\bar{e} + \bar{p})\bar{u}_i\} = \frac{\mu_\infty V_\infty^2}{L^2}\frac{\partial}{\partial \bar{x}_i}\left(\bar{\tau}_{ik}\bar{u}_k + \frac{\kappa_\infty T_\infty}{\mu_\infty V_\infty^2}\bar{\kappa}\frac{\partial \bar{T}}{\partial \bar{x}_i}\right) + s_5$$

$$\frac{\partial \bar{e}}{\partial \bar{t}} + \frac{\partial}{\partial \bar{x}_i}\{(\bar{e} + \bar{p})\bar{u}_i\} = \frac{1}{Re}\frac{\partial}{\partial \bar{x}_i}\left(\bar{\tau}_{ik}\bar{u}_k + \frac{\kappa_\infty T_\infty}{\mu_\infty V_\infty^2}\bar{\kappa}\frac{\partial \bar{T}}{\partial \bar{x}_i}\right) + \frac{L}{\rho_\infty V_\infty^3}s_5 \tag{5.12}$$

熱流束の係数は，熱力学関係式により次のように変形することができる．

$$\frac{\kappa_\infty T_\infty}{\mu_\infty V_\infty^2} = \frac{c_{p\infty}T_\infty}{V_\infty^2 Pr} = \frac{\{\gamma/(\gamma-1)\}(P_\infty/\rho_\infty)}{V_\infty^2 Pr} = \frac{c_\infty^2}{(\gamma-1)V_\infty^2 Pr} = \frac{1}{(\gamma-1)M_\infty^2 Pr} \tag{5.13}$$

ここで，$c_{p\infty}$, Pr は定圧比熱の代表値と層流プラントル数であり，$c_\infty^2 = \gamma P_\infty/\rho_\infty$，$M_\infty = V_\infty/c_\infty$ は音速とマッハ数の代表値である．これらより，最終的に

$$\frac{\partial \bar{e}}{\partial \bar{t}} + \frac{\partial}{\partial \bar{x}_i}\{(\bar{e}+\bar{p})\bar{u}_i\} = \frac{1}{Re}\frac{\partial}{\partial \bar{x}_i}\left\{\bar{\tau}_{ik}\bar{u}_k + \frac{\bar{\kappa}}{(\gamma-1)M_\infty^2 Pr}\frac{\partial \bar{T}}{\partial \bar{x}_i}\right\} + \frac{L}{\rho_\infty V_\infty^3}s_5$$
$$(5.14)$$

となる．したがって，エネルギー保存則の生成項 s_5 は $L/\rho_\infty V_\infty^3$ を乗じることで無次元化される．

以上をまとめると，生成項が付加された3次元CNSは，生成ベクトル S を用いて次のようにベクトル・テンソル表記される（オーバーラインは外す）．

$$\frac{\partial Q}{\partial t} + \frac{\partial F_i}{\partial x_i} = \frac{1}{Re}\frac{\partial F_{vi}}{\partial x_i} + S \tag{5.15}$$

ただし，

$$Q = \begin{bmatrix} \rho \\ \rho u_1 \\ \rho u_2 \\ \rho u_3 \\ e \end{bmatrix}, \quad F_i = \begin{bmatrix} \rho u_i \\ \rho u_1 u_i + \delta_{1i}p \\ \rho u_2 u_i + \delta_{2i}p \\ \rho u_3 u_i + \delta_{3i}p \\ (e+p)u_i \end{bmatrix}, \quad F_{vi} = \begin{bmatrix} 0 \\ \tau_{1i} \\ \tau_{2i} \\ \tau_{3i} \\ \tau_{ki}u_k + \dfrac{\kappa}{(\gamma-1)M_\infty^2 Pr}\dfrac{\partial T}{\partial x_i} \end{bmatrix},$$

$$S = \frac{L}{\rho_\infty V_\infty}\begin{bmatrix} s_1 \\ s_2/V_\infty \\ s_3/V_\infty \\ s_4/V_\infty \\ s_5/V_\infty^2 \end{bmatrix}$$

である．

5.3　一般曲線座標系

デカルト座標系 (x,y,z) の3次元CNSを，次の一般曲線座標系 (ξ,η,ζ) に座標変換する．

$$\xi = \xi(x,y,z), \quad \eta = \eta(x,y,z), \quad \zeta = \zeta(x,y,z) \tag{5.16}$$

(ξ,η,ζ) ならびに (x,y,z) の全微分は，互いに次のように定義される．

$$d\xi = \xi_x dx + \xi_y dy + \xi_z dz \tag{5.17a}$$
$$d\eta = \eta_x dx + \eta_y dy + \eta_z dz \tag{5.17b}$$

$$d\zeta = \zeta_x dx + \zeta_y dy + \zeta_z dz \tag{5.17c}$$

ならびに,

$$dx = x_\xi d\xi + x_\eta d\eta + x_\zeta d\zeta \tag{5.18a}$$
$$dy = y_\xi d\xi + y_\eta d\eta + y_\zeta d\zeta \tag{5.18b}$$
$$dz = z_\xi d\xi + z_\eta d\eta + z_\zeta d\zeta \tag{5.18c}$$

下添え字の付いた変数は,添え字の変数に関する偏導関数であり,座標変換においては測度（metric）とよばれる.一般曲線座標系 (ξ, η, ζ) の測度は,デカルト座標系 (x, y, z) の測度を用いて,次のように導出される.

$$\begin{bmatrix} \xi_x & \xi_y & \xi_z \\ \eta_x & \eta_y & \eta_z \\ \zeta_x & \zeta_y & \zeta_z \end{bmatrix} = \begin{bmatrix} x_\xi & x_\eta & x_\zeta \\ y_\xi & y_\eta & y_\zeta \\ z_\xi & z_\eta & z_\zeta \end{bmatrix}^{-1}$$
$$= \frac{1}{J} \begin{bmatrix} y_\eta z_\zeta - y_\zeta z_\eta & -(x_\eta z_\zeta - x_\zeta z_\eta) & x_\eta y_\zeta - x_\zeta y_\eta \\ -(y_\xi z_\zeta - y_\zeta z_\xi) & x_\xi z_\zeta - x_\zeta z_\xi & -(x_\xi y_\zeta - x_\zeta y_\xi) \\ y_\xi z_\eta - y_\eta z_\xi & -(x_\xi z_\eta - x_\eta z_\xi) & x_\xi y_\eta - x_\eta y_\xi \end{bmatrix} \tag{5.19}$$

ここで,J は変換のヤコビアンであり,次のように定義される.

$$J = \frac{\partial(x, y, z)}{\partial(\xi, \eta, \zeta)} = \begin{vmatrix} x_\xi & x_\eta & x_\zeta \\ y_\xi & y_\eta & y_\zeta \\ z_\xi & z_\eta & z_\zeta \end{vmatrix}$$
$$= x_\xi(y_\eta z_\zeta - y_\zeta z_\eta) - x_\eta(y_\xi z_\zeta - y_\zeta z_\xi) + x_\zeta(y_\xi z_\eta - y_\eta z_\xi) \tag{5.20}$$

ベクトル形で示した 3 次元 CNS の式 (5.2) において,対流項と粘性項を組み合わせれば,

$$\frac{\partial Q}{\partial t} + \frac{\partial(F - F_v)}{\partial x} + \frac{\partial(G - G_v)}{\partial y} + \frac{\partial(H - H_v)}{\partial z} = 0 \tag{5.21}$$

となる.さらに,流束ベクトルを $\bar{F}, \bar{G}, \bar{H}$ として,次のように再定義する.

$$\frac{\partial Q}{\partial t} + \frac{\partial \bar{F}}{\partial x} + \frac{\partial \bar{G}}{\partial y} + \frac{\partial \bar{H}}{\partial z} = Q_t + \bar{F}_x + \bar{G}_y + \bar{H}_z = 0 \tag{5.22}$$

この式を一般曲線座標 (ξ, η, ζ) に変換すれば,次式が得られる.

$$Q_t + \xi_x \bar{F}_\xi + \eta_x \bar{F}_\eta + \zeta_x \bar{F}_\zeta + \xi_y \bar{G}_\xi + \eta_y \bar{G}_\eta + \zeta_y \bar{G} + \xi_z \bar{H}_\xi + \eta_z \bar{H}_\eta + \zeta_z \bar{H} = 0 \tag{5.23}$$

変換のヤコビアンを未知変数ベクトルと流束ベクトルに乗算したうえで,改めて式

(5.23) を変形すると，次の関係式が得られる.

$$
\begin{aligned}
(JQ)_t &+ [J(\xi_x\bar{F} + \xi_y\bar{G} + \xi_z\bar{H})]_\xi - \bar{F}[(J\xi_x)_\xi + (J\eta_x)_\eta + (J\zeta_x)_\zeta] \\
&+ [J(\eta_x\bar{F} + \eta_y\bar{G} + \eta_z\bar{H})]_\eta - \bar{G}[(J\xi_y)_\xi + (J\eta_y)_\eta + (J\zeta_y)_\zeta] \\
&+ [J(\zeta_x\bar{F} + \zeta_y\bar{G} + \zeta_z\bar{H})]_\zeta - \bar{H}[(J\xi_z)_\xi + (J\eta_z)_\eta + (J\zeta_z)_\zeta] = 0 \quad (5.24)
\end{aligned}
$$

ここで，各座標の第 2 項の括弧内における測度和は 0 になる. たとえば，

$$
\begin{aligned}
(J\xi_x)_\xi &+ (J\eta_x)_\eta + (J\zeta_x)_\zeta \\
&= (y_\eta z_\zeta - y_\zeta z_\eta)_\xi - (y_\xi z_\zeta - y_\zeta z_\xi)_\eta + (y_\xi z_\eta - y_\eta z_\xi)_\zeta = 0 \quad (5.25)
\end{aligned}
$$

である. これより，最終的に一般曲線座標 (ξ, η, ζ) の 3 次元 CNS が次のように導出される.

$$
\hat{Q}_t + \hat{F}_\xi + \hat{G}_\eta + \hat{H}_\zeta = 0 \tag{5.26}
$$

ただし，

$$
\hat{Q} = JQ
$$
$$
\hat{F} = J(\xi_x\bar{F} + \xi_y\bar{G} + \xi_z\bar{H})
$$
$$
\hat{G} = J(\eta_x\bar{F} + \eta_y\bar{G} + \eta_z\bar{H})
$$
$$
\hat{H} = J(\zeta_x\bar{F} + \zeta_y\bar{G} + \zeta_z\bar{H})
$$

$$
\hat{F} = J \begin{bmatrix}
\rho U \\
\rho u U + \xi_x p - (\xi_x \tau_{xx} + \xi_y \tau_{yx} + \xi_z \tau_{zx}) \\
\rho v U + \xi_y p - (\xi_x \tau_{yx} + \xi_y \tau_{yy} + \xi_z \tau_{zy}) \\
\rho w U + \xi_z p - (\xi_z \tau_{yz} + \xi_y \tau_{yz} + \xi_z \tau_{zz}) \\
(e+p)U - (\xi_x \sigma_x + \xi_y \sigma_y + \xi_z \sigma_z)
\end{bmatrix}
$$

$$
\hat{G} = J \begin{bmatrix}
\rho V \\
\rho u V + \eta_x p - (\eta_x \tau_{xx} + \eta_y \tau_{yx} + \eta_z \tau_{zx}) \\
\rho v V + \eta_y p - (\eta_x \tau_{yx} + \eta_y \tau_{yy} + \eta_z \tau_{zy}) \\
\rho w V + \eta_z p - (\eta_z \tau_{yz} + \eta_y \tau_{yz} + \eta_z \tau_{zz}) \\
(e+p)V - (\eta_x \sigma_x + \eta_y \sigma_y + \eta_z \sigma_z)
\end{bmatrix}
$$

$$
\hat{H} = J \begin{bmatrix}
\rho W \\
\rho u W + \zeta_x p - (\zeta_x \tau_{xx} + \zeta_y \tau_{yx} + \zeta_z \tau_{zx}) \\
\rho v W + \zeta_y p - (\zeta_x \tau_{yx} + \zeta_y \tau_{yy} + \zeta_z \tau_{zy}) \\
\rho w W + \zeta_z p - (\zeta_z \tau_{yz} + \zeta_y \tau_{yz} + \zeta_z \tau_{zz}) \\
(e+p)W - (\zeta_x \sigma_x + \zeta_y \sigma_y + \zeta_z \sigma_z)
\end{bmatrix}
$$

である. ここで，U, V, W は反変速度とよばれ，次のように定義される.

$$
U = \xi_x u + \xi_y v + \xi_z w \tag{5.27a}
$$

$$V = \eta_x u + \eta_y v + \eta_z w \tag{5.27b}$$

$$W = \zeta_x u + \zeta_y v + \zeta_z w \tag{5.27c}$$

また，$\sigma_x, \sigma_y, \sigma_z$ は次のようなエネルギー保存則の拡散項である.

$$\sigma_x = \tau_{xx} u + \tau_{yx} v + \tau_{zx} w + \kappa \frac{\partial T}{\partial x} \tag{5.28a}$$

$$\sigma_y = \tau_{xy} u + \tau_{yy} v + \tau_{zy} w + \kappa \frac{\partial T}{\partial y} \tag{5.28b}$$

$$\sigma_z = \tau_{xz} u + \tau_{yz} v + \tau_{zz} w + \kappa \frac{\partial T}{\partial z} \tag{5.28c}$$

一般曲線座標 (ξ, η, ζ) の 3 次元 CNS をベクトル・テンソル表記すれば，次のように簡略化することもできる.

$$\hat{Q}_t + \frac{\partial \hat{F}_i}{\partial \xi_i} = \frac{\partial \hat{F}_{vi}}{\partial \xi_i} \tag{5.29}$$

ただし，

$$\hat{Q} = JQ = J \begin{bmatrix} \rho \\ \rho u_1 \\ \rho u_2 \\ \rho u_3 \\ e \end{bmatrix}, \quad \hat{F}_i = J \frac{\partial \xi_i}{\partial x_j} F_j = J \begin{bmatrix} \rho U_i \\ \rho u_1 U_i + (\partial \xi_i / \partial x_1) p \\ \rho u_2 U_i + (\partial \xi_i / \partial x_2) p \\ \rho u_3 U_i + (\partial \xi_i / \partial x_3) p \\ (e + p) U_i \end{bmatrix},$$

$$\hat{F}_{vi} = J \frac{\partial \xi_i}{\partial x_j} F_{vj} = J \frac{\partial \xi_i}{\partial x_j} \begin{bmatrix} 0 \\ \tau_{j1} \\ \tau_{j2} \\ \tau_{j3} \\ \tau_{jk} u_k + \kappa \partial T / \partial x_j \end{bmatrix}$$

である.

5.4　圧縮性オイラー方程式とヤコビ行列

　圧縮性流れを差分法で解くうえで，流れの特性速度（characteristic speed）を理解することが重要である．特性速度を支配しているのは流れの対流速度と音速になる．特性速度は双曲型方程式から導出される特性方程式の根（固有値）に相当し，波動方程式からは二つの特性速度が導出される．CNS から拡散項を取り除くと圧縮性オイラー方程式になり，非粘性を仮定した圧縮性非粘性流れの支配方程式にな

る．1 次元圧縮性オイラー方程式は双曲型方程式であり，三つの特性速度が導出される．ここではその導出方法を説明する．

1 次元圧縮性オイラー方程式は，次のように定義される．

$$Q_t + F_x = 0 \tag{5.30}$$

ただし，

$$Q = \begin{bmatrix} \rho \\ \rho u \\ e \end{bmatrix}, \quad F = \begin{bmatrix} \rho u \\ \rho u^2 + p \\ (e + p)u \end{bmatrix}$$

である．ところで，運動量保存則は質量保存則と運動方程式の和から構成されている．

$$u\{\rho_t + (\rho u)_x\} + \rho\left(u_t + uu_x + \frac{p_x}{\rho}\right) = 0 \tag{5.31}$$

さらに，エネルギー保存則は，質量保存則だけでなく，運動方程式，比内部エネルギーの方程式から構成されている．

$$\frac{e}{\rho}\{\rho_t + (\rho u)_x\} + \rho u\left(u_t + uu_x + \frac{p_x}{\rho}\right) + \rho\left(\varepsilon_t + u\varepsilon_x + \frac{p}{\rho}u_x\right) = 0 \tag{5.32}$$

ε は比内部エネルギーで，全内部エネルギー $e = \rho\varepsilon + \rho u^2/2$ を構成する．まとめると，圧縮性オイラー方程式は二つの行列の積で表される．

$$\begin{bmatrix} 1 & 0 & 0 \\ u & \rho & 0 \\ e/\rho & \rho u & \rho \end{bmatrix} \begin{bmatrix} \rho_t + (\rho u)_x \\ u_t + uu_x + p_x/\rho \\ \varepsilon_t + u\varepsilon_x + pu_x/\rho \end{bmatrix} = 0 \tag{5.33}$$

1 次元圧縮性オイラー方程式の対流・圧力項は次のように変形することができる．

$$Q_t + F_x = Q_t + AQ_x = 0 \tag{5.34}$$

ここで，A はヤコビ行列で $A = \partial F/\partial Q$ である．いま，式の変形上，便宜的に Q，F を次のように置き換える．

$$Q = \begin{bmatrix} \rho \\ \rho u \\ e \end{bmatrix} = \begin{bmatrix} \rho \\ m \\ e \end{bmatrix}$$

$$F = \begin{bmatrix} \rho u \\ \rho u^2 + p \\ (e + p)u \end{bmatrix} = \begin{bmatrix} m \\ (\gamma - 1)e + (3 - \gamma)m^2/2\rho \\ (m/\rho)\{\gamma e - (\gamma - 1)m^2/2\rho\} \end{bmatrix} = \begin{bmatrix} f_1 \\ f_2 \\ f_3 \end{bmatrix}$$

ただし,

$$f_2 = \rho u^2 + p = \frac{(\rho u)^2}{\rho} + (\gamma - 1)\left\{e - \frac{(\rho u)^2}{2\rho}\right\}$$

$$= \frac{m^2}{\rho} + (\gamma - 1)\left(e - \frac{m^2}{2\rho}\right) = (\gamma - 1)e + (3 - \gamma)\frac{m^2}{2\rho}$$

$$f_3 = (e + p)u = e\frac{\rho u}{\rho} + \frac{\rho u}{\rho}\left[(\gamma - 1)\left\{e - \frac{(\rho u)^2}{2\rho}\right\}\right]$$

$$= \frac{m}{\rho}\left\{\gamma e - (\gamma - 1)\frac{m^2}{2\rho}\right\}$$

である. ところで, ヤコビ行列 A の各要素は

$$A = \begin{bmatrix} \partial f_1/\partial\rho & \partial f_1/\partial m & \partial f_1/\partial e \\ \partial f_2/\partial\rho & \partial f_2/\partial m & \partial f_2/\partial e \\ \partial f_3/\partial\rho & \partial f_3/\partial m & \partial f_3/\partial e \end{bmatrix} \tag{5.35}$$

である. 次に, この各要素を計算する. 以下には具体的な計算過程を示す. ここで
注意すべきことは, 未知変数ベクトル Q の ρu をあえて m と置き換えたように,
ρu はあくまで一つの変数として微分しなければならないことである. たとえば,

$$\frac{\partial f_1}{\partial\rho} = \frac{\partial(\rho u)}{\partial\rho} \neq u \;\Rightarrow\; \frac{\partial f_1}{\partial\rho} = \frac{\partial(\rho u)}{\partial\rho} = \frac{\partial m}{\partial\rho} = 0 \tag{5.36}$$

とする. 以下同様に,

$$\frac{\partial f_1}{\partial m} = \frac{\partial(\rho u)}{\partial m} = \frac{\partial m}{\partial m} = 1$$

$$\frac{\partial f_1}{\partial e} = \frac{\partial(\rho u)}{\partial e} = \frac{\partial m}{\partial e} = 0$$

$$\frac{\partial f_2}{\partial\rho} = -(3 - \gamma)\frac{m^2}{2\rho^2} = -(3 - \gamma)\frac{u^2}{2}$$

$$\frac{\partial f_2}{\partial m} = (3 - \gamma)\frac{m}{\rho} = (3 - \gamma)u$$

$$\frac{\partial f_2}{\partial e} = \gamma - 1$$

$$\frac{\partial f_3}{\partial\rho} = -\frac{m}{\rho^2}\left\{\gamma e - (\gamma - 1)\frac{m^2}{2\rho}\right\} + \frac{m}{\rho}\left\{0 + (\gamma - 1)\frac{m}{2\rho^2}\right\}$$

$$= -\frac{m\gamma e}{\rho^2} + (\gamma - 1)\frac{m^3}{\rho^3} = -\frac{\gamma u e}{\rho} + (\gamma - 1)u^3$$

$$\frac{\partial f_3}{\partial m} = \frac{1}{\rho}\left\{\gamma e - (\gamma - 1)\frac{m^2}{2\rho}\right\} + \frac{m}{\rho}\left\{0 - (\gamma - 1)\frac{m}{\rho}\right\} = \frac{\gamma e}{\rho} - \frac{3}{2}(\gamma - 1)u^2$$

$$\frac{\partial f_3}{\partial e} = \gamma u$$

となる．最終的に，ヤコビ行列 A は次のように導出される．

$$A = \begin{bmatrix} 0 & 1 & 0 \\ -(3-\gamma)\dfrac{u^2}{2} & (3-\gamma)u & \gamma-1 \\ (\gamma-1)u^3 - \dfrac{\gamma ue}{\rho} & \dfrac{\gamma e}{\rho} - \dfrac{3}{2}(\gamma-1)u^2 & \gamma u \end{bmatrix} \tag{5.37}$$

ここで，流束ベクトル F と A の間には，次式のような 1 次の同次関係（first-order homogeneous relation）が成り立つ．

$$F_x = AQ_x = (AQ)_x \tag{5.38}$$

これはヤコビ行列 A が独立変数 x の微分に依存しないことを意味する．流束ベクトル F は次式を満足する．

$$F = AQ \tag{5.39}$$

5.5 特性速度の導出

式 (5.37) のヤコビ行列 A は，保存形の圧縮性オイラー方程式から導出されている．ここでは，ヤコビ行列 A から特性速度を導出する際に，保存形の圧縮性オイラー方程式からではなく，初期変数 (ρ, u, p) を未知変数にもつ非保存形方程式から導出する方法を説明する．非保存形の圧縮性オイラー方程式は，次のように定義される．

$$\frac{\partial \tilde{Q}}{\partial t} + \tilde{A}\frac{\partial \tilde{Q}}{\partial x} = \tilde{Q}_t + \tilde{A}\tilde{Q}_x = 0 \tag{5.40}$$

ただし，

$$\tilde{Q} = \begin{bmatrix} \rho \\ u \\ p \end{bmatrix} = \begin{bmatrix} \rho \\ m/\rho \\ (\gamma-1)(e - m^2/2\rho) \end{bmatrix}$$

であり，$\tilde{A}$ は非保存形のヤコビ行列である．非保存形への変換行列 N は次式で定義される．

$$N = \frac{\partial \tilde{Q}}{\partial Q} \tag{5.41}$$

ただし,

$$N = \begin{bmatrix} \partial\rho/\partial\rho & \partial\rho/\partial\rho u & \partial\rho/\partial e \\ \partial u/\partial\rho & \partial u/\partial\rho u & \partial u/\partial e \\ \partial p/\partial\rho & \partial p/\partial\rho u & \partial p/\partial e \end{bmatrix}$$

$$= \begin{bmatrix} \dfrac{\partial\rho}{\partial\rho} & \dfrac{\partial\rho}{\partial m} & \dfrac{\partial\rho}{\partial e} \\ \dfrac{\partial m/\rho}{\partial\rho} & \dfrac{\partial m/\rho}{\partial m} & \dfrac{\partial m/\rho}{\partial e} \\ \dfrac{\partial(\gamma-1)(e-m^2/2\rho)}{\partial\rho} & \dfrac{\partial(\gamma-1)(e-m^2/2\rho)}{\partial m} & \dfrac{\partial(\gamma-1)(e-m^2/2\rho)}{\partial e} \end{bmatrix}$$

である. 最終的に, N および N^{-1} は次のように導出される.

$$N = \begin{bmatrix} 1 & 0 & 0 \\ -u/\rho & 1/\rho & 0 \\ \tilde\gamma u^2/2 & -\tilde\gamma u & \tilde\gamma \end{bmatrix}, \quad N^{-1} = \begin{bmatrix} 1 & 0 & 0 \\ u & \rho & 0 \\ u^2/2 & \rho u & 1/\tilde\gamma \end{bmatrix}$$

ただし, $\tilde\gamma = \gamma - 1$ である. 行列 N を式 (5.34) の左側から掛けることにより, 次のように式 (5.40) が導出される.

$$N\frac{\partial Q}{\partial t} + NA\frac{\partial Q}{\partial x} = \frac{\partial \tilde Q}{\partial t} + NAN^{-1}\frac{\partial \tilde Q}{\partial x} \tag{5.42}$$

したがって, 保存形のヤコビ行列 A と非保存形のヤコビ行列 $\tilde A$ の間には, 変換行列 N により次のような関係が成り立つ.

$$\tilde A = NAN^{-1} = \begin{bmatrix} u & \rho & 0 \\ 0 & u & 1/\rho \\ 0 & \rho c^2 & u \end{bmatrix} \tag{5.43}$$

非保存形のヤコビ行列 $\tilde A$ は, A よりもかなり簡単な形になっているのがわかる. 式 (5.40) の特性方程式は, $\tilde A$ を用いて次のように定義される.

$$|\tilde A - \lambda I| = 0 \tag{5.44}$$

ここで, λ は特性速度, すなわち固有値であり, 特性曲線の勾配 dx/dt に相当する.

$\tilde A$ の左固有ベクトル (left eigenvectors) を $\ell^{(k)}$ ($k = 1, 2, 3$) とすれば, 式 (5.44) から次式が導出される.

$$\ell^{(k)}(\tilde A - \lambda_{(k)}I) = 0 \quad (k = 1, 2, 3) \tag{5.45}$$

また, 左固有ベクトル $\ell^{(k)}$ からなる行列を $\tilde L$, 特性速度からなる対角行列を Λ

とすれば，次の関係式が得られる．

$$\tilde{A} = NAN^{-1} = \tilde{L}^{-1}\Lambda\tilde{L} \tag{5.46}$$

これより，保存形のヤコビ行列 A は次のように導出される．

$$A = N^{-1}\tilde{L}^{-1}\Lambda\tilde{L}N \tag{5.47}$$

　一方，保存形の左固有ベクトルの行列を L とおけば，$L = \tilde{L}N$ より

$$A = L^{-1}\Lambda L \tag{5.48}$$

となる．特性方程式は具体的な行列式の形で

$$|\tilde{A} - \lambda I| = \begin{vmatrix} u - \lambda & \rho & 0 \\ 0 & u - \lambda & 1/\rho \\ 0 & \rho c^2 & u - \lambda \end{vmatrix} = 0 \tag{5.49}$$

となり，次式が得られる．

$$\begin{aligned} (u - \lambda)\rho c^2 \frac{1}{\rho} - (u - \lambda)^3 &= (u - \lambda)\{c^2 - (u - \lambda)^2\} \\ &= (u - \lambda)(c - u - \lambda)(c + u - \lambda) = 0 \end{aligned}$$

これより，異なる三つの実根が特性速度として導出される．

$$\lambda_{(1)} = u, \quad \lambda_{(2)} = u + c, \quad \lambda_{(3)} = u - c \tag{5.50}$$

ここでは，対角行列 Λ は次のように定義する．

$$\Lambda = \begin{bmatrix} \lambda_{(1)} & & 0 \\ & \lambda_{(2)} & \\ 0 & & \lambda_{(3)} \end{bmatrix} = \begin{bmatrix} u & & 0 \\ & u + c & \\ 0 & & u - c \end{bmatrix} \tag{5.51}$$

　左固有ベクトルは各特性速度から求められる．すなわち，次のようになる．

$$\ell^{(k)}\tilde{A} = \lambda_{(k)}\ell^{(k)}$$

$$(\ell_1^{(k)}, \ell_2^{(k)}, \ell_3^{(k)}) \begin{vmatrix} u & \rho & 0 \\ 0 & u & 1/\rho \\ 0 & \rho c^2 & u \end{vmatrix} = \lambda_{(k)}(\ell_1^{(k)}, \ell_2^{(k)}, \ell_3^{(k)})$$

$k = 1 \ (\lambda_{(1)} = u)$：

$$
\begin{aligned}
u\ell_1^{(1)} &&&= u\ell_1^{(1)} \\
\rho\ell_1^{(1)} + u\ell_2^{(1)} &+ \rho c^2\ell_3^{(1)} &&= u\ell_2^{(1)} \\
\frac{1}{\rho}\ell_2^{(1)} &+ u\ell_3^{(1)} &&= u\ell_3^{(1)}
\end{aligned}
$$

$$
\ell_1^{(1)} = \alpha_1, \quad \ell_2^{(1)} = 0, \quad \ell_3^{(1)} = -\frac{\alpha_1}{c^2} \tag{5.52}
$$

$k = 2 \ (\lambda_{(2)} = u + c)$：

$$
\begin{aligned}
u\ell_1^{(2)} &&&= (u+c)\ell_1^{(2)} \\
\rho\ell_1^{(2)} + u\ell_2^{(2)} &+ \rho c^2\ell_3^{(2)} &&= (u+c)\ell_2^{(2)} \\
\frac{1}{\rho}\ell_2^{(2)} &+ u\ell_3^{(2)} &&= (u+c)\ell_3^{(2)}
\end{aligned}
$$

$$
\ell_1^{(2)} = 0, \quad \ell_2^{(2)} = \alpha_2, \quad \ell_3^{(2)} = \frac{\alpha_2}{\rho c} \tag{5.53}
$$

$k = 3 \ (\lambda_{(3)} = u - c)$：

$$
\begin{aligned}
u\ell_1^{(3)} &&&= (u-c)\ell_1^{(3)} \\
\rho\ell_1^{(3)} + u\ell_2^{(3)} &+ \rho c^2\ell_3^{(3)} &&= (u-c)\ell_2^{(3)} \\
\frac{1}{\rho}\ell_2^{(3)} &+ u\ell_3^{(3)} &&= (u-c)\ell_3^{(3)}
\end{aligned}
$$

$$
\ell_1^{(3)} = 0, \quad \ell_2^{(3)} = \alpha_3, \quad \ell_3^{(3)} = -\frac{\alpha_3}{\rho c} \tag{5.54}
$$

$\alpha_i \ (i = 1, 3)$ は任意に設定できることから，ここでは $\alpha_i = 1 \ (i = 1, 3)$ とおく．すると，$\tilde{L}$ ならびに $\tilde{L}^{-1}$ は，最終的に次のように導出される．

$$
\tilde{L} = \begin{bmatrix} \ell_1^{(1)} & \ell_2^{(1)} & \ell_3^{(1)} \\ \ell_1^{(2)} & \ell_2^{(2)} & \ell_3^{(2)} \\ \ell_1^{(3)} & \ell_2^{(3)} & \ell_3^{(3)} \end{bmatrix} = \begin{bmatrix} 1 & 0 & -1/c^2 \\ 0 & 1 & 1/\rho c \\ 0 & 1 & -1/\rho c \end{bmatrix}, \quad \tilde{L}^{-1} = \begin{bmatrix} 1 & \rho/2c & -\rho/2c \\ 0 & 1/2 & 1/2 \\ 0 & \rho c/2 & -\rho c/2 \end{bmatrix} \tag{5.55}
$$

5.6 リーマン変数

　双曲型方程式である 1 次元圧縮性オイラー方程式から導出される常微分方程式の未知変数は，リーマン変数（Riemann variable）とよばれる．特性速度 λ が dx/dt となるような特性曲線上で保存される変量である．以下にはリーマン変数の常微分方程式を導出する過程を説明する．

　まず，式 (5.40) の左から行列 $\tilde{L}$ を掛けることで，特性速度ごとに独立した常微分方程式を導出できる．すなわち，次のようになる．

$$\tilde{L}\frac{\partial \tilde{Q}}{\partial t} + \tilde{L}\tilde{A}\frac{\partial \tilde{Q}}{\partial x} = \tilde{L}\frac{\partial \tilde{Q}}{\partial t} + \Lambda\tilde{L}\frac{\partial \tilde{Q}}{\partial x} = 0 \tag{5.56}$$

　上式で $W = \tilde{L}\tilde{Q}$ とおけば，

$$\frac{\partial W}{\partial t} + \Lambda\frac{\partial W}{\partial x} = 0 \tag{5.57}$$

となる．ただし，

$$W = \tilde{L}\tilde{Q} = \begin{bmatrix} 1 & 0 & -1/c^2 \\ 0 & 1 & 1/\rho c \\ 0 & 1 & -1/\rho c \end{bmatrix}\begin{bmatrix} \rho \\ u \\ p \end{bmatrix} = \begin{bmatrix} \rho - p/c^2 \\ u + p/\rho c \\ u - p/\rho c \end{bmatrix}$$

である．ベクトル形で記述すれば，次のようになる．

$$\frac{\partial W}{\partial t} + \Lambda\frac{\partial W}{\partial x} = \frac{\partial}{\partial t}\begin{bmatrix} \rho - p/c^2 \\ u + p/\rho c \\ u - p/\rho c \end{bmatrix} + \begin{bmatrix} u & & 0 \\ & u+c & \\ 0 & & u-c \end{bmatrix}\frac{\partial}{\partial x}\begin{bmatrix} \rho - p/c^2 \\ u + p/\rho c \\ u - p/\rho c \end{bmatrix} = 0$$

　特性速度は dx/dt であり，上式は次のような常微分方程式に帰着する．

$$\frac{dW}{dt} = \frac{\partial W}{\partial t} + \Lambda\frac{\partial W}{\partial x} = 0 \tag{5.58}$$

ここから，W の各全微分をそれぞれ次のように定義する．

$$dw_1 = d\rho - \frac{1}{c^2}dp \tag{5.59a}$$

$$dw_2 = du + \frac{1}{\rho c}dp \tag{5.59b}$$

$$dw_3 = du - \frac{1}{\rho c}dp \tag{5.59c}$$

さらに，等エントロピー流れ $c^2 = \partial p/\partial \rho$ を仮定すれば，次のように変形できる．

$$dw_1 = d\rho - \frac{1}{c^2}dp = d\rho - d\rho = 0 \tag{5.60a}$$

$$dw_2 = du + \frac{1}{\rho c}dp = du + \frac{c}{\rho}d\rho \tag{5.60b}$$

$$dw_3 = du - \frac{1}{\rho c}dp = du - \frac{c}{\rho}d\rho \tag{5.60c}$$

　未知変数 (w_1, w_2, w_3) はリーマン変数に相当する．そのうち，w_1 は特性速度 u を勾配にもつ特性曲線上で不変であることを意味しており，エントロピーと等価である．さらに，$p \propto k\rho^\gamma$（ただし，k は定数）から，$c^2 = \gamma p/\rho = k\gamma\rho^{\gamma-1}$ であり，

$$w_2 = u + \int c\frac{d\rho}{\rho} = u + \int \sqrt{k\gamma}\rho^{\frac{\gamma-1}{2}-1}d\rho = u + \sqrt{k\gamma}\frac{2}{\gamma-1}\rho^{\frac{\gamma-1}{2}}$$
$$\Rightarrow \quad u + \frac{2}{\gamma-1}c \tag{5.61}$$

となり，同様に，

$$w_3 = u - \int c\frac{d\rho}{\rho} \quad \Rightarrow \quad u - \frac{2}{\gamma-1}c \tag{5.62}$$

となる．w_2, w_3 は，それぞれ特性速度 $u+c$, $u-c$ を勾配にもつ特性曲線上で保存される量に相当し，リーマン不変量（Riemann invariant）とよばれる．w_1 をエントロピー s に置き換えれば，等エントロピー流れの仮定の下で，1次元圧縮性オイラー方程式は次式のように書き換えられる．

$$\frac{\partial s}{\partial t} + u\frac{\partial s}{\partial x} = 0 \tag{5.63}$$

$$\frac{\partial}{\partial t}\left(u + \frac{2c}{\gamma-1}\right) + (u+c)\frac{\partial}{\partial x}\left(u + \frac{2c}{\gamma-1}\right) = 0 \tag{5.64}$$

$$\frac{\partial}{\partial t}\left(u - \frac{2c}{\gamma-1}\right) + (u-c)\frac{\partial}{\partial x}\left(u - \frac{2c}{\gamma-1}\right) = 0 \tag{5.65}$$

　リーマン不変量の特徴を活かすことで，とくに圧縮性流れの境界条件を特性の理論に即して設定することができる．たとえば，1次元圧縮性流れ $(u > 0)$ の入口境界条件として，超音速の場合には，w_1, w_2, w_3 はすべて固定する．一方，亜音速の場合には，w_1, w_2 は固定して，w_3 は下流より外挿する．同様に出口境界では，超音速の場合には，w_1, w_2, w_3 はすべて上流より外挿し，亜音速の場合には，w_1, w_2 は上流より外挿し，w_3 は固定する．

　実際には，2次元もしくは3次元の圧縮性オイラー方程式や CNS が解かれることから，本来であれば，多次元空間の特性の理論に基づき特性速度も導出するべきであるが，3独立変数以上の特性の理論は難解であり，現在も実用例は皆無である．現状では，多次元方程式系の各座標方向にそれぞれ2独立変数の特性の理論が適用されている．

　補足として，多次元圧縮性オイラー方程式の固有値および固有ベクトルの行列を示すと，以下のようになる．

2 次元デカルト座標系：

$$F_j = A_j Q = N^{-1} \tilde{L}_j^{-1} \Lambda_j \tilde{L}_j N Q \quad (j = 1, 2)$$

$$\Lambda_j = \begin{bmatrix} u_j & & & 0 \\ & u_j + c\delta_{1j} & & \\ & & u_j + c\delta_{2j} & \\ 0 & & & u_j - c \end{bmatrix},$$

$$\tilde{L}_j = \begin{bmatrix} 1 & 0 & 0 & -1/c^2 \\ 0 & 1 & 0 & \delta_{1j}/\rho c \\ 0 & 0 & 1 & \delta_{2j}/\rho c \\ 0 & \delta_{1j} & \delta_{2j} & -1/\rho c \end{bmatrix}, \quad N = \begin{bmatrix} 1 & 0 & 0 & 0 \\ -u_1/\rho & 1/\rho & 0 & 0 \\ -u_2/\rho & 0 & 1/\rho & 0 \\ \tilde{\gamma}\phi^2 & -\tilde{\gamma}u_1 & -\tilde{\gamma}u_2 & \tilde{\gamma} \end{bmatrix}$$

ただし，$\tilde{\gamma} = \gamma - 1$, $\phi^2 = \sum u_j^2$ である．

3 次元デカルト座標系：

$$F_j = A_j Q = N^{-1} \tilde{L}_j^{-1} \Lambda_j \tilde{L}_j N Q \quad (j = 1, 2, 3)$$

$$\Lambda_j = \begin{bmatrix} u_j & & & & 0 \\ & u_j + c\delta_{1j} & & & \\ & & u_j + c\delta_{2j} & & \\ & & & u_j + c\delta_{3j} & \\ 0 & & & & u_j - c \end{bmatrix},$$

$$\tilde{L}_j = \begin{bmatrix} 1 & 0 & 0 & 0 & -1/c^2 \\ 0 & 1 & 0 & 0 & \delta_{1j}/\rho c \\ 0 & 0 & 1 & 0 & \delta_{2j}/\rho c \\ 0 & 0 & 0 & 1 & \delta_{3j}/\rho c \\ 0 & \delta_{1j} & \delta_{2j} & \delta_{3j} & -1/\rho c \end{bmatrix}, \quad N = \begin{bmatrix} 1 & 0 & 0 & 0 & 0 \\ -u_1/\rho & 1/\rho & 0 & 0 & 0 \\ -u_2/\rho & 0 & 1/\rho & 0 & 0 \\ -u_3/\rho & 0 & 0 & 1/\rho & 0 \\ \tilde{\gamma}\phi^2 & -\tilde{\gamma}u_1 & -\tilde{\gamma}u_2 & -\tilde{\gamma}u_3 & \tilde{\gamma} \end{bmatrix}$$

2 次元一般曲線座標系：

$$\hat{F}_j = \hat{A}_j Q = N^{-1} \tilde{L}_j^{-1} \hat{\Lambda}_j \tilde{L}_j N Q \quad (j = 1, 2)$$

$$\hat{\Lambda}_j = \begin{bmatrix} U_j & & & 0 \\ & U_j + c\sqrt{g_{11}}\delta_{1j} & & \\ & & U_j + c\sqrt{g_{22}}\delta_{2j} & \\ 0 & & & U_j - c\sqrt{g_{jj}} \end{bmatrix},$$

$$\tilde{L}_j = \begin{bmatrix} 1 & 0 & 0 & -1/c^2 \\ 0 & \partial\xi_j/\partial x_j & \xi_y\delta_{1j} - \eta_x\delta_{2j} & (\sqrt{g_{11}}/\rho c)\delta_{1j} \\ 0 & \eta_x\delta_{2j} - \xi_y\delta_{1j} & \partial\xi_j/\partial x_j & (\sqrt{g_{22}}/\rho c)\delta_{2j} \\ 0 & \partial\xi_j/\partial x_1 & \partial\xi_j/\partial x_2 & -\sqrt{g_{jj}}/\rho c \end{bmatrix}$$

ただし，$g_{jj} = \nabla\xi_i \cdot \nabla\xi_j$ である．N はデカルト座標系の場合と同じである．

3 次元一般曲線座標系：

$$\hat{F}_j = \hat{A}_j Q = N^{-1}\tilde{L}_j^{-1}\hat{\Lambda}_j\tilde{L}_j NQ \quad (j = 1, 2, 3)$$

$$\hat{\Lambda}_j = \begin{bmatrix} U_j & & & & 0 \\ & U_j + c\sqrt{g_{11}}\delta_{1j} & & & \\ & & U_j + c\sqrt{g_{22}}\delta_{2j} & & \\ & & & U_j + c\sqrt{g_{33}}\delta_{3j} & \\ 0 & & & & U_j - c\sqrt{g_{jj}} \end{bmatrix},$$

$$\tilde{L}_j = \begin{bmatrix} 1 & 0 & 0 & 0 & -1/c^2 \\ 0 & \partial\xi_j/\partial x_j & \xi_y\delta_{1j} - \eta_x\delta_{2j} & \xi_z\delta_{1j} - \zeta_x\delta_{3j} & (\sqrt{g_{11}}/\rho c)\delta_{1j} \\ 0 & \eta_x\delta_{2j} - \xi_y\delta_{1j} & \partial\xi_j/\partial x_j & \eta_z\delta_{2j} - \zeta_y\delta_{3j} & (\sqrt{g_{22}}/\rho c)\delta_{2j} \\ 0 & \zeta_x\delta_{3j} - \xi_z\delta_{1j} & \zeta_y\delta_{3j} - \eta_z\delta_{2j} & \partial\xi_j/\partial x_j & (\sqrt{g_{33}}/\rho c)\delta_{3j} \\ 0 & \partial\xi_j/\partial x_1 & \partial\xi_j/\partial x_2 & \partial\xi_j/\partial x_3 & -\sqrt{g_{jj}}/\rho c \end{bmatrix}$$

ただし，N はデカルト座標系の場合と同じである．

5.7　特性曲線法

1 次元圧縮性オイラー方程式を特性曲線法で解いてみる．特性曲線法は，特性曲線で幾何学的に計算する，特性の理論に忠実な方法である．現在この方法はほとんど使われることはないが，特性の理論を理解するうえでわかりやすい方法である．

まず，次のような微分演算子を定義する．

$$\frac{\partial}{\partial\alpha} \equiv \frac{\partial}{\partial t} + (u + c)\frac{\partial}{\partial x}$$

$$\frac{\partial}{\partial\beta} \equiv \frac{\partial}{\partial t} + (u - c)\frac{\partial}{\partial x}$$

$$\frac{\partial}{\partial\gamma} \equiv \frac{\partial}{\partial t} + u\frac{\partial}{\partial x}$$

これより，式 (5.57) は次式のようになる．

$$\frac{\partial}{\partial\alpha}\left(u + \frac{p}{\rho c}\right) = 0 \tag{5.66}$$

$$\frac{\partial}{\partial\beta}\left(u - \frac{p}{\rho c}\right) = 0 \tag{5.67}$$

$$\frac{\partial}{\partial\gamma}\left(\rho - \frac{p}{c^2}\right) = 0 \tag{5.68}$$

これに特性速度

$$\frac{dx}{dt} = \begin{cases} u \\ u + c \\ u - c \end{cases} \tag{5.69}$$

を加えた計 6 個の式を用いる.

　この特性曲線法では，図 5.1 に示す既知量が定義されている点 A, B から，これらの点から伝播した特性曲線の交点 C の値をまずは求める．特性曲線 AC, BC 上で式 (5.69) から次の二つの差分式が作られる.

$$x_{\mathrm{C}} - x_{\mathrm{A}} - \overline{(u+c)}(t_{\mathrm{C}} - t_{\mathrm{A}}) = 0 \tag{5.70}$$

$$x_{\mathrm{C}} - x_{\mathrm{B}} - \overline{(u-c)}(t_{\mathrm{C}} - t_{\mathrm{B}}) = 0 \tag{5.71}$$

ここで，それぞれ $\overline{u+c} = u_{\mathrm{A}} + c_{\mathrm{A}}$, $\overline{u-c} = u_{\mathrm{B}} - c_{\mathrm{B}}$ とおいて，点 C の位置 x_{C}, t_{C} を決定する．すると，式 (5.66), (5.67) から次の差分式が作られる.

$$u_{\mathrm{C}} - u_{\mathrm{A}} + \overline{(1/\rho c)}(p_{\mathrm{C}} - p_{\mathrm{A}}) = 0 \tag{5.72}$$

$$u_{\mathrm{C}} - u_{\mathrm{B}} - \overline{(1/\rho c)}(p_{\mathrm{C}} - p_{\mathrm{B}}) = 0 \tag{5.73}$$

ここで，$\overline{1/\rho c}$ にそれぞれ点 A または点 B の値を入れた式から，点 C の変数値 u_{C}, p_{C} を決定する．次に，$x_{\mathrm{C}}, t_{\mathrm{C}}, u_{\mathrm{C}}, p_{\mathrm{C}}$ を使って，点 D の値を求める．まず，点 A, B, D は同一直線上にあることから，次式が成り立つ.

$$\frac{dx}{dt} = \frac{x_{\mathrm{D}} - x_{\mathrm{A}}}{t_{\mathrm{D}} - t_{\mathrm{A}}} = \frac{x_{\mathrm{B}} - x_{\mathrm{A}}}{t_{\mathrm{B}} - t_{\mathrm{A}}} \tag{5.74}$$

また，点 C, D を通る特性曲線上で次の差分式が作られる.

$$x_{\mathrm{D}} - x_{\mathrm{C}} - \bar{u}(t_{\mathrm{D}} - t_{\mathrm{C}}) = 0 \tag{5.75}$$

式 (5.74) と式 (5.75) で $\bar{u} = u_c$ とおいた式から，$x_{\mathrm{D}}, t_{\mathrm{D}}$ を決定する．さらに，点 D にある変数値 $\rho_{\mathrm{D}}, p_{\mathrm{D}}$ は，点 A, B にあるそれらの値から，次の補間式により決定する.

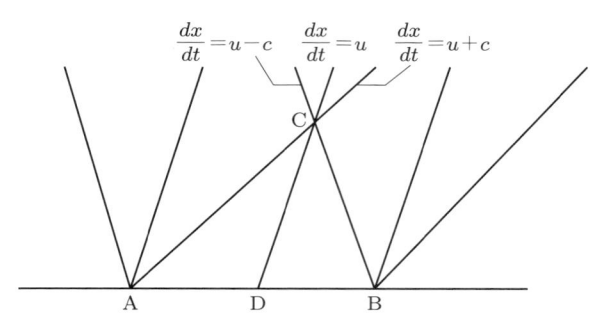

図 5.1　幾何学的に計算する特性曲線法

$$f_{\mathrm{D}} = \frac{x_{\mathrm{B}} - x_{\mathrm{D}}}{x_{\mathrm{B}} - x_{\mathrm{A}}} f_{\mathrm{A}} + \frac{x_{\mathrm{D}} - x_{\mathrm{A}}}{x_{\mathrm{B}} - x_{\mathrm{A}}} f_{\mathrm{B}} \tag{5.76}$$

最後に，式 (5.68) の差分式

$$\rho_{\mathrm{C}} - \rho_{\mathrm{D}} - \overline{(1/c^2)}(p_{\mathrm{C}} - p_{\mathrm{D}}) = 0 \tag{5.77}$$

から ρ_{C} を求める．以上により，点 C の値をすべて決定できる．点 C の値から，さらに $\overline{u+c} = (u_{\mathrm{A}} + u_{\mathrm{C}} + c_{\mathrm{A}} + c_{\mathrm{C}})/2$ として，上記の計算手順を繰り返すことにより，2 次精度の解が求められる．

5.8　流束分離

　ここでは，保存形の 1 次元圧縮性オイラー方程式に適用される，特性の理論に基づく差分解法について説明する．流束もしくは流束差を特性ごとに分離して，風上差分スキームや後述する TVD スキームを適用することで，衝撃波を伴った遷音速流れなどを精度よく，かつ安定に計算できる．

5.8.1　流束ベクトル分離法

　流束ベクトル分離法（flux-vector splitting scheme）は，Steger と Warming[1] により提案された，流束ベクトル自身を特性速度の符号に応じて分離する，特性の理論に忠実な方法である．

　まず，式 (5.30) の流束 F は，特性速度の符号の正負で F^{+}, F^{-} に分離される．すなわち，

$$F^{\pm} = A^{\pm} Q = N^{-1} \tilde{L}^{-1} \Lambda^{\pm} \tilde{L} N Q \tag{5.78}$$

となる．ここで，N, N^{-1}, $\tilde{L}$, $\tilde{L}^{-1}$ は先に求めた式 (5.41) の非保存形への変換行列と，式 (5.55) の非保存形の左固有ベクトルからなる行列である．$\Lambda^{\pm}$ は，特性速度の符号により分離された特性速度の対角行列であり，次のように表される．

$$\Lambda^{\pm} = \begin{bmatrix} \lambda_{(1)}^{\pm} & & 0 \\ & \lambda_{(2)}^{\pm} & \\ 0 & & \lambda_{(3)}^{\pm} \end{bmatrix} \tag{5.79}$$

ただし，

$$\lambda_{(1)} = u, \quad \lambda_{(2)} = u + c, \quad \lambda_{(3)} = u - c \tag{5.80}$$

$$\lambda^{\pm}_{(k)} = \frac{1}{2}(\lambda_{(k)} \pm |\lambda_{(k)}|) \tag{5.81}$$

である. 式 (5.78) を計算する手順の詳細を以下に示す.

$$NQ = \begin{bmatrix} 1 & 0 & 0 \\ -u/\rho & 1/\rho & 0 \\ \tilde{\gamma}u^2/2 & -\tilde{\gamma}u & \tilde{\gamma} \end{bmatrix} \begin{bmatrix} \rho \\ \rho u \\ e \end{bmatrix} = \begin{bmatrix} \rho \\ 0 \\ p \end{bmatrix}$$

$$\tilde{L}NQ = \begin{bmatrix} 1 & 0 & -1/c^2 \\ 0 & 1 & 1/\rho c \\ 0 & 1 & -1/\rho c \end{bmatrix} \begin{bmatrix} \rho \\ 0 \\ p \end{bmatrix} = \begin{bmatrix} \rho\tilde{\gamma}/\gamma \\ c/\gamma \\ -c/\gamma \end{bmatrix}$$

$$\Lambda\tilde{L}NQ = \begin{bmatrix} \lambda^{\pm}_{(1)} & & 0 \\ & \lambda^{\pm}_{(2)} & \\ 0 & & \lambda^{\pm}_{(3)} \end{bmatrix} \begin{bmatrix} \rho\tilde{\gamma}/\gamma \\ c/\gamma \\ -c/\gamma \end{bmatrix} = \begin{bmatrix} \tilde{\gamma}\rho\lambda^{\pm}_{(1)}/\gamma \\ c\lambda^{\pm}_{(2)}/\gamma \\ -c\lambda^{\pm}_{(3)}/\gamma \end{bmatrix}$$

$$\tilde{L}^{-1}\Lambda\tilde{L}NQ = \begin{bmatrix} 1 & \rho/2c & -\rho/2c \\ 0 & 1/2 & 1/2 \\ 0 & \rho c/2 & -\rho c/2 \end{bmatrix} \begin{bmatrix} \tilde{\gamma}\rho\lambda^{\pm}_{(1)}/\gamma \\ c\lambda^{\pm}_{(2)}/\gamma \\ -c\lambda^{\pm}_{(3)}/\gamma \end{bmatrix} = \frac{\rho}{2\gamma} \begin{bmatrix} 2\tilde{\gamma}\lambda^{\pm}_{(1)} + \lambda^{\pm}_{(2)} + \lambda^{\pm}_{(3)} \\ c\lambda^{\pm}_{(2)}/\rho - c\lambda^{\pm}_{(3)}/\rho \\ c^2\lambda^{\pm}_{(2)} + c^2\lambda^{\pm}_{(3)} \end{bmatrix}$$

$$N^{-1}\tilde{L}^{-1}\Lambda\tilde{L}NQ = \begin{bmatrix} 1 & 0 & 0 \\ u & \rho & 0 \\ u^2/2 & \rho u & 1/\tilde{\gamma} \end{bmatrix} \frac{\rho}{2\gamma} \begin{bmatrix} 2\tilde{\gamma}\lambda^{\pm}_{(1)} + \lambda^{\pm}_{(2)} + \lambda^{\pm}_{(3)} \\ c\lambda^{\pm}_{(2)}/\rho - c\lambda^{\pm}_{(3)}/\rho \\ c^2\lambda^{\pm}_{(2)} + c^2\lambda^{\pm}_{(3)} \end{bmatrix}$$

$$= \frac{\rho}{2\gamma} \begin{bmatrix} 2\tilde{\gamma}\lambda^{\pm}_{(1)} + \lambda^{\pm}_{(2)} + \lambda^{\pm}_{(3)} \\ 2\tilde{\gamma}\lambda^{\pm}_{(1)} + \lambda^{\pm}_{(2)}(u+c) + \lambda^{\pm}_{(3)}(u-c) \\ \tilde{\gamma}\lambda^{\pm}_{(1)}u^2 + \lambda^{\pm}_{(2)}(u+c)^2/2 + \lambda^{\pm}_{(3)}(u-c)^2/2 + (2-\tilde{\gamma})(\lambda^{\pm}_{(2)} + \lambda^{\pm}_{(3)})c^2/2\tilde{\gamma} \end{bmatrix}$$

$$= F^{\pm}$$

最終的な式の形はやや複雑であるが, すべての特性速度の符号が一つの式中に考慮されている. たとえば超音速 ($u > 0$) の場合には, 個々の $\lambda^{\pm}_{(j)}$ ($j = 1, 2, 3$) を代入すれば

$$F^+ = F, \quad F^- = 0$$

となり, 完全な風上化が施される.

　ところで, この流束ベクトル分離法を粘性流れに使用する場合, 境界層内で過度の数値粘性が入ることが知られているが, その理由の一つは, 式 (5.78) の導出過程で NQ を求めたときに, 速度成分が完全に欠落しているためとして説明できる. したがって, NQ の定義点を $N_{j+1/2}$, Q_j のようにずらせばこれは回避できる. このように, 式の導出を理解していれば不具合を改善することも比較的容易になる.

5.8.2　van Leer 流束分離法

van Leer[2] は，Steger と Warming の流束ベクトル分離法[1]において，欠点の一つである音速点における数値流束の不連続性を改善するために，新たな流束分離法を提案した．最大の特徴は，特性速度の符号を局所マッハ数により判定するところであり，流束 $F^\pm$ は次式のように定義される．

$$F^+ = \frac{\rho c}{4}(M+1)^2 \begin{bmatrix} 1 \\ 2c(1+\tilde{\gamma}M/2)/\gamma \\ 2c^2(1+\tilde{\gamma}M/2)^2/(\gamma^2-1) \end{bmatrix} \tag{5.82a}$$

$$F^- = -\frac{\rho c}{4}(M-1)^2 \begin{bmatrix} 1 \\ 2c(-1+\tilde{\gamma}M/2)/\gamma \\ 2c^2(1-\tilde{\gamma}M/2)^2/(\gamma^2-1) \end{bmatrix} \tag{5.82b}$$

特性速度は，マッハ数の関数として次式のように定義される．

$$\lambda_{(1)}^+ = \frac{c}{4}(M+1)^2 \left\{ 1 - \frac{(M-1)^2}{\gamma+1} \right\}$$

$$\lambda_{(2)}^+ = \frac{c}{4}(M+1)^2 \left\{ 3 - M + \frac{\tilde{\gamma}(M-1)^2}{\gamma+1} \right\}$$

$$\lambda_{(3)}^+ = \frac{c}{2\tilde{\gamma}}(M+1)^2(M-1)\left(1 + \frac{\tilde{\gamma}M}{2} \right)$$

$$\lambda_{(1)}^-(M) = -\lambda_{(1)}^+(-M)$$

$$\lambda_{(2)}^-(M) = -\lambda_{(3)}^+(-M)$$

$$\lambda_{(3)}^-(M) = -\lambda_{(2)}^+(-M)$$

ただし，この方法も粘性流れの計算には不向きであることがすでに認識されている．

5.8.3　流束差分離法

流束差分離法（flux-difference scheme）の最も典型的な方法である Roe スキーム[3]について説明する．まず，計算格子点 j と $j+1$ の中間点 $j+1/2$ における数値流束 $F_{j+1/2}$ は次のように定義される．

$$F_{j+1/2} = \frac{1}{2}(F_j + F_{j+1}) - \frac{1}{2}|A|(Q_{j+1} - Q_j) \tag{5.83}$$

この式の右辺第 2 項は差分ベクトルになっており，この項が特性速度ごとに分離されて計算されることから流束差分離法とよばれる．すなわち，この項は次のように変形される．

$$dQ = Q_{j+1} - Q_j = \sum_k dw_k r^{(k)}$$

$$= dw_1 \begin{bmatrix} 1 \\ u \\ u^2/2 \end{bmatrix} + \frac{\rho}{2c} dw_2 \begin{bmatrix} 1 \\ u+c \\ H+uc \end{bmatrix} + \frac{\rho}{2c} dw_3 \begin{bmatrix} 1 \\ u-c \\ H-uc \end{bmatrix} \tag{5.84}$$

ここで,

$$dw_1 = d\rho - \frac{dp}{c^2}$$

$$dw_2 = du + \frac{dp}{\rho c}$$

$$dw_3 = du - \frac{dp}{\rho c}$$

である. ただし, $H = \gamma p / \tilde{\gamma} \rho + u^2/2$ である. Roe スキームの右固有ベクトル $r^{(k)}$ は保存形であり, その行列 R は次のように導出されている.

$$R = \begin{bmatrix} 1 & \rho/2c & \rho/2c \\ u & \rho(u+c)/2c & \rho(u-c)/2c \\ u^2/2 & \rho(H+uc)/2c & \rho(H-uc)/2c \end{bmatrix}$$

R を非保存系への変換行列 N と左固有ベクトルの行列 $\tilde{L}$ に置き換えれば, $R = L^{-1} = N^{-1}\tilde{L}^{-1}$ になることから, これより $\tilde{L}$ を逆算すると次のようになる.

$$\tilde{L} = \begin{bmatrix} 1 & 0 & -1/c^2 \\ 0 & 1 & 1/\rho c \\ 0 & -1 & 1/\rho c \end{bmatrix}$$

式 (5.55) に示した左固有ベクトルとは, 一部の符号が異なるベクトルが使われていることがわかる.

　式 (5.84) にヤコビ行列 A を左から掛けると, 固有ベクトルの定義から次のように簡略化される.

$$df = AdQ = A \sum_k dw_k r^{(k)} = \sum_k \lambda_{(k)} dw_k r^{(k)} \tag{5.85}$$

また,

$$d|f| = |A|dQ = \sum_k |\lambda_{(k)}| dw_k r^{(k)} \tag{5.86}$$

より, 結局, 式 (5.83) は次式に帰着する.

$$F_{j+1/2} = \frac{1}{2}(F_j + F_{j+1}) - \frac{1}{2}\sum_k |\lambda_{(k)}|dw_k r^{(k)} = F_j + \sum_k \lambda_{(k)}^- dw_k r^{(k)}$$

$$= F_{j+1} - \sum_k \lambda_{(k)}^+ dw_k r^{(k)} \tag{5.87}$$

Roe スキームでは，$j+1/2$ 格子点で定義される変数は，j と $j+1$ 格子点の値から，次のように重み付き平均されて計算される．

$$\bar{\rho}_{j+1/2} = \sqrt{\rho_{j+1}\rho_j} \equiv R_{j+1/2}\rho_j \tag{5.88}$$

$$\bar{u}_{j+1/2} = \frac{(u\sqrt{\rho})_{j+1} + (u\sqrt{\rho})_j}{\sqrt{\rho_{j+1/2}} + \sqrt{\rho_j}} \equiv \frac{R_{j+1/2}u_{j+1} + u_j}{R_{j+1} + 1} \tag{5.89}$$

$$\bar{H}_{j+1/2} = \frac{(H\sqrt{\rho})_{j+1} + (H\sqrt{\rho})_j}{\sqrt{\rho_{j+1/2}} + \sqrt{\rho_j}} \equiv \frac{R_{j+1}H_{j+1} + H_j}{R_{j+1} + 1} \tag{5.90}$$

ただし，$R_{j+1/2} = \sqrt{\rho_{j+1}/\rho_j}$ である．これは Roe 平均とよばれる．

数値流束 $F_{j+1/2}$ は，次のように Roe 平均を考慮して改めて定義される．

$$F_{j+1/2} = \frac{1}{2}(F_j + F_{j+1}) - \frac{1}{2}\sum_k |\bar{\lambda}_{(k)}|dw_k \bar{r}^{(k)} = F_j + \sum_k \bar{\lambda}_{(k)}^- dw_k \bar{r}^{(k)}$$

$$= F_{j+1} - \sum_k \bar{\lambda}_{(k)}^+ dw_k \bar{r}^{(k)} \tag{5.91}$$

5.8.4　リーマン問題

リーマン問題（Riemann problem）は，局所的な 1 次元衝撃波管問題（shock tube problem）である．流れ場を $x_{j-1/2}$ から $x_{j+1/2}$ までの区分的領域に分割して，各領域に初期値 $Q(x_j, t^n)$ を与えた場合の $Q(x_j, t^{n+1})$ を求める．ただし，Q は一般式で次のように定義される．

$$Q_j = \frac{1}{\Delta x}\int_{x_{j-1/2}}^{x_{j+1/2}} Q(x)dx \tag{5.92}$$

区分的領域境界 $x_{j+1/2}$ の左右では，図 5.2 に示すように異なる値，Q_L, Q_R になる．このとき，$\Delta Q = Q_R - Q_L$ は値の差分にあたり，この境界からエントロピー波と二つの圧力波が発生するとして，固有値の符号に応じた風上化が施される．Godunov スキーム[4] は，Q_j を区分的定数値関数とした．この方法は 1 次精度で特性の理論に忠実なスキームで，厳密なリーマン解を与える．Godunov スキームを高次精度に拡張した方法に，PPM（piecewise parabolic method）[5] がある．

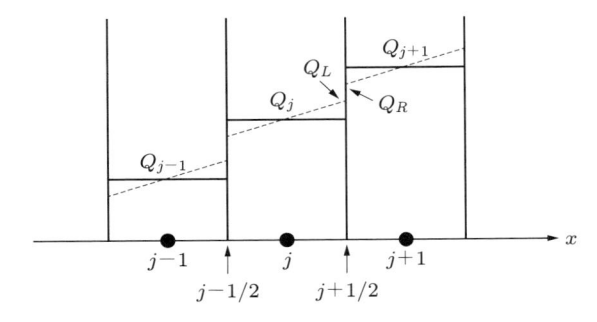

図 5.2　区分的領域と区分的関数ならびに境界値

この方法では，図 5.2 の破線で示すように，Q_j を 2 次精度以上で近似する．ただし，この解法は計算アルゴリズムがかなり複雑になる．

　Osher スキーム[6]や前述の Roe スキーム[3]は，特性の理論を近似的に取り扱うため，近似リーマン解法（approximate Riemann solver）とよばれる．この場合，数値流束 $F_{j+1/2}$ は Q_L, Q_R の関数として計算され，たとえば Roe スキームの式 (5.91) は，次のように置き換えられる．

$$F_{j+1/2} = \frac{1}{2}(F(Q_L) + F(Q_R)) + \frac{1}{2}|A(Q_L, Q_R)|(Q_R - Q_L)$$
$$= \frac{1}{2}(F(Q_L) + F(Q_R)) + \frac{1}{2}\sum_k |\bar{\lambda}_{(k)}|\Delta w_k \bar{r}^{(k)} \tag{5.93}$$

　流束ベクトル分離法の場合には，

$$F_{j+1/2} = F^+(Q_L) + F^-(Q_R) \tag{5.94}$$

になる．なお，Q_L, Q_R は初期変数ベクトル (ρ, u, p) を空間方向で補間することで求められる．

5.8.5　対流・圧力分離法

　Steger–Warming 法[1]や van Leer 法[2]などの流束分離法と Roe の近似リーマン解法[3]などの流束差分離法の利点をそれぞれ活かした方法として，対流・圧力分離法が提案されている．Liou が提案した AUSM（advection upstream splitting method）[7]について簡単に説明する．

　AUSM は対流項に流束差分離法，そして圧力項に流束ベクトル分離法の考え方を適用している方法であり，数値流束 $F_{j+1/2}$ は次式で定義される．

$$F_{j+1/2} = \frac{1}{2}M_{1/2}(Q_L + Q_R) + \frac{1}{2}|M_{1/2}|\Delta\bar{Q} + P \tag{5.95}$$

ただし,

$$Q = \begin{bmatrix} \rho c \\ \rho cu \\ \rho cH \end{bmatrix}, \quad P = \begin{bmatrix} 0 \\ p_L^+ + p_R^- \\ 0 \end{bmatrix}$$

である. ここで, 特性速度の符号は van Leer 法と同じくマッハ数に基づき計算される.

$$M = \frac{u}{c}$$

$$(M)_{1/2} = (M^+)_L + (M^-)_R$$

$$M^\pm = \begin{cases} \pm(M \pm 1)^2/4 & (|M| \leq 1) \\ (M \pm |M|)/2 & (その他) \end{cases}$$

$$p^\pm = \begin{cases} p(M \pm 1)^2(2 \mp M)/4 & (|M| \leq 1) \\ p(M \pm |M|)/2M & (その他) \end{cases}$$

AUSM にはいくつかの派生型スキームもあり, 極超音速粘性流れの計算によく用いられる.

5.9 MUSCL 補間

初期変数ベクトルの Q_L, Q_R を高次補間する方法に, van Leer が提案した MUSCL (monotone upstream-centered schemes for conservation laws)[8] がある. この方法では, Q_L, Q_R が次式により高次補間される.

$$Q_L = Q_j + \frac{1-\alpha}{4}\Delta Q_{j-1/2} + \frac{1+\alpha}{4}\Delta Q_{j+1/2} \tag{5.96a}$$

$$Q_R = Q_{j+1} - \frac{1-\alpha}{4}\Delta Q_{j+3/2} - \frac{1+\alpha}{4}\Delta Q_{j+1/2} \tag{5.96b}$$

ここで, $\alpha = -1$ と $\alpha = 1/3$ の場合, それぞれ 2 次と 3 次精度の風上補間になる. さらに, Compact MUSCL[9] を用いれば, 4 次精度で風上補間できる.

$$Q_L = Q_j + \frac{1}{6}\bar{\Delta}Q_{j-1/2} + \frac{1}{3}\bar{\Delta}Q_{j+1/2} \tag{5.97a}$$

$$Q_R = Q_{j+1} - \frac{1}{6}\bar{\Delta}Q_{j+3/2} - \frac{1}{3}\bar{\Delta}Q_{j+1/2} \tag{5.97b}$$

$$\bar{\Delta} Q_{j+1/2} = \Delta Q_{j+1/2} - \frac{1}{6}\Delta^3 Q_{j+1/2} \tag{5.97c}$$

$$\Delta Q_{j+1/2} = Q_{j+1} - Q_j \tag{5.97d}$$

$$\Delta^3 Q_{j+1/2} = \Delta Q_{j-1/2} - 2\Delta Q_{j+1/2} + \Delta Q_{j+3/2} \tag{5.97e}$$

5.10　TVD 条件と制限関数

　圧縮性流れ特有の現象として衝撃波がある．たとえば，リーマン問題を高次精度の差分法で解くと，衝撃波前後で数値的な振動が発生する．一方，1 次精度風上差分は衝撃波前後でもつねに単調（monotone）であることが知られている．フォン・ノイマンの安定性理論がスカラー方程式の線形安定性を判断するのに対して，TVD（total variation diminishing）条件は，スカラー方程式に対する非線形安定性を判断する一つの条件である．TVD 条件を満足する差分スキームは TVD スキームとよばれる．TVD スキームは，高次精度の差分スキームにおいて衝撃波の近傍のみを 1 次精度風上差分に切り替えるような方法である．Harten[10]は，1 次元スカラー方程式の TVD 条件を提案した．

　いま，次の 1 次元スカラー方程式を考える．

$$u_t + f_x = 0 \tag{5.98}$$

u は未知変数で，$f = f(t, x, u)$ は非線形の関数である．この式の全変化量（total variation：TV）は，次のように定義される．

$$TV \equiv \int \left|\frac{\partial u}{\partial x}\right| dx \tag{5.99}$$

離散式にすれば，次のようになる．

$$TV(u) = \sum_{j=-\infty}^{\infty} |u_{j+1} - u_j| \tag{5.100}$$

　TVD 条件は次のように定義される．

$$TV(u^{n+1}) \leq TV(u^n) \tag{5.101}$$

この TVD 条件を満足する状態を TV 安定という．TV 安定の場合には，計算の過程で最大値の増加，最小値の減少，新たな極値の発生が起きない．ただし，TVD

条件自身はエントロピー条件を満足しない．そこで，次のようなエントロピー条件を併用する．

$$a_R < C < a_L \tag{5.102}$$

ここで，C は不連続の伝播速度で，a_R, a_L は不連続の左側と右側領域の特性に沿って伝播する波の位相速度である．この不等式を満足すれば，圧縮波（compression wave）が形成される一方で，膨張波（expansion wave）は形成されず，膨張扇（expansion fan）になる．

　次に，式 (5.98) において空間のみを差分近似すれば，次のようになる．

$$
\begin{aligned}
u_t &= -\frac{f_{j+1/2} - f_{j-1/2}}{\Delta x} \\
&\equiv \frac{C_{j+1/2}^- \Delta u_{j+1/2} + C_{j-1/2}^+ \Delta u_{j-1/2}}{\Delta x}
\end{aligned} \tag{5.103}
$$

ただし，

$$C_{j+1/2}^- \Delta u_{j+1/2} = f_{j+1/2} - f_j, \quad C_{j-1/2}^+ \Delta u_{j-1/2} = f_j - f_{j-1/2}$$

$$C_{j+1/2}^+ + C_{j+1/2}^- = \frac{f_{j+1} - f_j}{\Delta u_{j+1/2}} \equiv a_{j+1/2}$$

である．式 (5.103) を陽的オイラー前進法で時間積分すれば，

$$u_j^{n+1} = u_j^n - \tau(C_{j+1/2}^- \Delta u_{j+1/2} + C_{j-1/2}^+ \Delta u_{j-1/2})^n \tag{5.104}$$

となる．ただし，$\tau = \Delta t/\Delta x$ である．ところで，TV は各時間ステップにおいて

$$TV(u^{n+1}) = \sum_j |u_{j+1}^{n+1} - u_j^{n+1}|, \quad TV(u^n) = \sum_j |u_{j+1}^n - u_j^n| \tag{5.105}$$

になることから，これらを TV 条件である式 (5.101) に代入すれば，次の三つの不等式が得られる．

$$\tau(C_{j+1/2}^+ - C_{j+1/2}^-) \leq 1, \quad C_{j+1/2}^+ \geq 0, \quad C_{j+1/2}^- \leq 0 \tag{5.106}$$

最初の不等式は，線形安定性理論から導き出される CFL（Courant–Friedrichs–Lewy）条件 $a\tau \leq 1$ に等しい．TVD 条件は CFL 条件を満足して，さらに $C_{j+1/2}^+ \geq 0$, $C_{j+1/2}^- \leq 0$ を満足する．1 次精度風上差分スキームは，これらを必ず満足する．

　具体的に，高次精度の差分スキームで TVD 条件を満足するために，制限関数（limiter function）が用いられる．代表的な関数に，minmod limiter[10]，van Leer's limiter[11], Roe's superbee limiter[12], Chakravarthy–Osher's (C–O) limiter[13] などがある．たとえば，Compact MUSCL では TVD 条件を満足するため，2 段階の minmod limiter が採用されている．

$$Q_L = Q_j + \frac{1}{6}\bar{\Delta}\tilde{Q}_j^L + \frac{1}{3}\bar{\Delta}\tilde{Q}_j^R \tag{5.107a}$$

$$Q_R = Q_{j+1} - \frac{1}{6}\bar{\Delta}\tilde{Q}_{j+1}^L - \frac{1}{3}\bar{\Delta}\tilde{Q}_{j+1}^R \tag{5.107b}$$

$$\bar{\Delta}\tilde{Q}_j^L = \mathrm{minmod}(\bar{\Delta}Q_{j-1/2}, b_1\bar{\Delta}Q_{j+1/2}) \tag{5.107c}$$

$$\bar{\Delta}\tilde{Q}_j^R = \mathrm{minmod}(\bar{\Delta}Q_{j+1/2}, b_1\bar{\Delta}Q_{j-1/2}) \tag{5.107d}$$

ただし，

$$\bar{\Delta}Q_{j+1/2} = \Delta Q_{j+1/2} - \frac{1}{6}\Delta^3 Q_{j+1/2}$$

$$\Delta Q_{j+1/2} = Q_{j+1} - Q_j$$

$$\Delta^3 Q_{j+1/2} = \Delta Q_L - 2\Delta Q_M + \Delta Q_R$$

$$\Delta Q_L = \mathrm{minmod}(\Delta Q_{j-1/2}, b_2\Delta Q_{j+1/2}, b_2\Delta Q_{j+3/2})$$

$$\Delta Q_M = \mathrm{minmod}(\Delta Q_{j+1/2}, b_2\Delta Q_{j+3/2}, b_2\Delta Q_{j-1/2})$$

$$\Delta Q_R = \mathrm{minmod}(\Delta Q_{j+3/2}, b_2\Delta Q_{j-1/2}, b_2\Delta Q_{j+1/2})$$

である．ここで，$1 < b_1 \leq 4, b_2 \simeq 2$ とし，minmod 関数は次のように定義される．

$$\mathrm{minmod}(a_1, \cdots, a_n)$$
$$= \mathrm{sign}(a_1)\max\{0, \min(|a_1|, \mathrm{sign}(a_1)\cdot a_2, \cdots, \mathrm{sign}(a_1)\cdot a_n)\}$$

5.11　時間積分

1 次元圧縮性オイラー方程式 (5.30) を時間進行法で解く方法について説明する．まず，流束ベクトルを差分近似した式に，1 次精度の時間進行法として陽的オイラー前進法を適用すれば，次のように定義される．

$$\frac{Q^{n+1} - Q^n}{\Delta t} = -\frac{F_{j+1/2}^n - F_{j-1/2}^n}{\Delta x} \tag{5.108}$$

ここで，n と Δt は時間ステップと時間間隔である．これより，$n+1$ 時間ステップにおける未知変数 Q^{n+1} は，次のような代入式として導出される．

$$Q^{n+1} = Q^n - \frac{\Delta t}{\Delta x}(F_{j+1/2}^n - F_{j-1/2}^n) \tag{5.109}$$

このように，n 時間ステップにおける既知量のみから $n+1$ 時間ステップの Q^{n+1} が求められるため，この時間進行法は陽解法である．ただし，陽解法は CFL 数が 1 以下でのみ線形安定であり，結果的に Δt が制約される．時間方向高次精度の陽解法としては，ルンゲ・クッタ法なども知られている．

　一方，$n+1$ 時間ステップの Q^{n+1} を複数点で同時に計算しなければならない場合には陰解法になる．近似因数分解（approximate factorization：AF 法）は，Beam と Warming[14] により提案された陰解法の一つである．2 次元オイラー方程式は，以下のように定義される．

$$Q_t + \frac{\partial F_i}{\partial x_i} = Q_t + A_i \frac{\partial Q_i}{\partial x_i} = 0 \tag{5.110}$$

これに AF 法を適用すれば，近似因子化された次式が得られる．

$$\left(I + \theta \Delta t \frac{\partial A_1}{\partial x_1}\right)\left(I + \theta \Delta t \frac{\partial A_2}{\partial x_2}\right)\Delta Q^n = RHS \tag{5.111}$$

ただし，

$$\Delta Q^n = Q^{n+1} - Q^n, \quad RHS = -\Delta t \frac{\partial F_i^n}{\partial x_i}$$

である．ここで，$\theta = 1$ のときは完全陰解法であり，$\theta = 1/2$ のときはクランク・ニコルソン陰解法に相当する．左辺はブロック行列の積になり，これを解くためにはそれら二つの逆行列を求める必要がある．Pulliam と Chaussee[15] は，式 (5.110) を次式のように対角化した．

$$\{I + \theta \Delta t(\Lambda_1^+ \nabla_1 + \Lambda_1^- \Delta_1)\}\tilde{L}_1 \tilde{L}_2^{-1}\{I + \theta \Delta t(\Lambda_2^+ \nabla_2 + \Lambda_2^- \Delta_2)\}\tilde{L}_2 N \Delta Q^n$$
$$= \tilde{L}_1 N\, RHS \tag{5.112}$$

ここで，∇_i，Δ_i は前進および後進の差分演算子であり，左固有ベクトルの行列，固有値の対角化行列，ならびに非保存系への変換行列を介して，スカラー対角行列の逆行列を 2 回計算することで，$n+1$ 時間ステップの解を求められる．さらに，式 (5.112) にクランク・ニコルソン陰解法とニュートン反復を適用した次式により，時間最大 2 次精度で計算できる[16]．

$$\{I + \theta \Delta t(\Lambda_1^+ \nabla_1 + \Lambda_1^- \Delta_1)\}^m (\tilde{L}_1 \tilde{L}_2^{-1})^m$$
$$\cdot \{I + \theta \Delta t(\Lambda_2^+ \nabla_2 + \Lambda_2^- \Delta_2)\}^m (\tilde{L}_2 N)^m \Delta Q^m = (\tilde{L}_1 N)^m RHS^m \tag{5.113}$$

ただし，

$$\Delta Q^m = Q^{m+1} - Q^m$$

$$RHS^m = -(Q^m - Q^n) - \frac{\Delta t}{2}\left(\frac{\partial F_i^m}{\partial x_i} + \frac{\partial F_i^n}{\partial x_i}\right)$$

である．m はニュートン反復数であり，$m = 0$ で $Q^m = Q^n$ として，$Q^m \to Q^{n+1}$ ($\Delta Q^m \to 0$) になれば，時間最大 2 次精度の解になる．

　もう一つの典型的な陰解法として，LU-SGS (lower-upper symmetric Gauss–Seidel) 法[17] がある．この方法を 2 次元圧縮性オイラー方程式に適用すれば，次式のようになる．

$$D\Delta Q^* = RHS - \theta\Delta t\{(A_1^+)_{i-1,j} + (A_2^+)_{i,j-1}\}\Delta Q^* \tag{5.114a}$$

$$\Delta Q^n = \Delta Q^* - D^{-1}\theta\Delta t\{(A_1^-)_{i+1,j} + (A_2^-)_{i,j+1}\}\Delta Q^n \tag{5.114b}$$

ここで，$(A_k^\pm)_{i,j}\ (k = 1, 2)$ は，格子点 (i, j) における x_k 方向の特性速度の符号によって分割されたヤコビ行列であり，近似的に次のように計算される．

$$(A_k^\pm)_{i,j} = \frac{(A_k)_{i,j} \pm (r_k)_{i,j}I}{2} \tag{5.115}$$

$(r_k)_{i,j}$ は $(A_k)_{i,j}$ のスペクトル半径を与え，次のように求められる．

$$(r_k)_{i,j} = \alpha \max[(\lambda_k)_{i,j}] \tag{5.116}$$

ただし，$\alpha \geq 1$ で，$(\lambda_k)_{i,j}$ は $(A_k)_{i,j}$ の特性速度である．また，演算子 D は次の代数式で近似される．

$$D = I\theta\Delta t\sum_k (r_k)_{i,j} \tag{5.117}$$

LU-SGS 法は陰解法であるが，ガウス・ザイデル法であり，計算の順番（掃引）を考慮すれば逆行列を求める必要はない．この方法も，次式のようにクランク・ニコルソン陰解法とニュートン反復を適用すれば，時間最大 2 次精度の解を求められる[18]．

$$D^m\Delta Q^* = RHS^m - \theta\Delta t\{(A_1^+)_{i-1,j}^m + (A_2^+)_{i,j-1}^m\}(\Delta Q^*)^m \tag{5.118a}$$

$$\Delta Q^m = \Delta Q^{*m} - (D^{-1})^m\theta\Delta t\{(A_1^-)_{i+1,j}^m + (A_2^-)_{i,j+1}^m\}\Delta Q^m \tag{5.118b}$$

ただし，

$$\Delta Q^m = Q^{m+1} - Q^m$$

$$RHS^m = -(Q^m - Q^n) - \frac{\Delta t}{2}\left(\frac{\partial F_i^m}{\partial x_i} + \frac{\partial F_i^n}{\partial x_i}\right)$$

である.

5.12 流束ベクトル分離式の導出

5.3 節で述べた一般曲線座標系 3 次元 CNS の流束ベクトルから，独自の流束ベクトル分離式[9]を導出してみる．いま，図 5.3 に示すように，区分的領域 ℓ ならびに $\ell+1$ の境界面において，F_i の数値流束を $(F_i)_{\ell+1/2}$ と定義すれば，$(F_i)_{\ell+1/2}$ は境界面左の区分的領域 ℓ と境界面右の区分的領域 $\ell+1$ から伝播してくる数値流束 $F_i^{\pm}$ の和として，次式のように表される．

$$(F_i)_{\ell+1/2} = (F_i^+)_{\ell+1/2} + (F_i^-)_{\ell+1/2} = (A_i^+)_{\ell+1/2}Q_{\ell+1/2}^L + (A_i^-)_{\ell+1/2}Q_{\ell+1/2}^R \tag{5.119}$$

$A_i^{\pm}$ は $F_i^{\pm}$ のヤコビ行列である．Q^L ならびに Q^R は，左右の区分的領域において高次補間された未知変数ベクトルである．$(A_i^{\pm})_{\ell+1/2}Q_{\ell+1/2}^M$ は，流束ベクトル分離式として次式のように導出される．

$$(A_i^{\pm})_{\ell+1/2}Q^M = (L_i^{-1}\Lambda_i^{\pm}L_i)_{\ell+1/2}Q^M = \lambda_{i1}^{\pm}Q^M + \frac{\lambda_{ia}^{\pm}}{c\sqrt{g_{ii}}}Q_{ia} + \frac{\lambda_{ib}^{\pm}}{c^2}Q_{ib} \tag{5.120}$$

ただし，g_{ij} は測度 $(= \nabla\xi_i \cdot \nabla\xi_i)$ である．上添え字 M は，L もしくは R に置き換えられる．L_i ならびに Λ_i は，左固有ベクトルと固有値（特性速度）からなる行列である．$\lambda_{ia}^{\pm}$ と $\lambda_{ib}^{\pm}$ は次式で導出される．

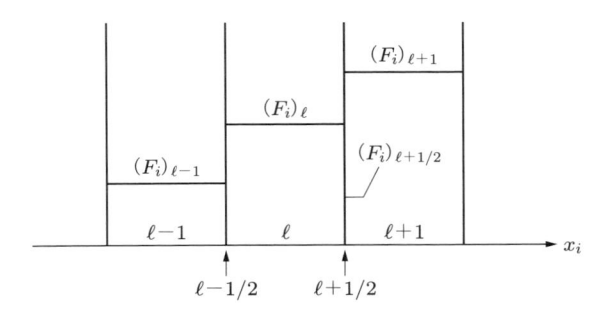

図 5.3　区分的領域と数値流束の定義

$$\lambda_{ia}^{\pm} = \frac{\lambda_{i4}^{\pm} - \lambda_{i5}^{\pm}}{2}, \quad \lambda_{ib}^{\pm} = \frac{\lambda_{i4}^{\pm} + \lambda_{i5}^{\pm}}{2} - \lambda_{i1}^{\pm} \tag{5.121}$$

ここで，$\lambda_{ij}^{\pm}$ $(j = 1, 4, 5)$ は次のように表される．

$$\lambda_{ij}^{\pm} = \frac{\lambda_{ij} \pm |\lambda_{ij}|}{2} \tag{5.122}$$

λ_{ij} $(j = 1, 4, 5)$ は固有値（特性速度）であり，

$$\lambda_{i1} = U_i \tag{5.123}$$
$$\lambda_{i4} = U_i + c\sqrt{g_{ii}} \tag{5.124}$$
$$\lambda_{i5} = U_i - c\sqrt{g_{ii}} \tag{5.125}$$

となる．ただし，c は音速である．Q_{ia} と Q_{ib} は導出されたサブベクトルで，

$$Q_{ia} = \bar{p}Q_{ic} + \Delta\bar{m}_i Q_d, \quad Q_{ib} = \frac{\Delta\bar{m}_i c^2}{g_{ii}} Q_{ic} + \bar{p}Q_d$$
$$\bar{p} = Q_e \cdot Q^M, \quad \Delta\bar{m}_i = Q_{im} \cdot Q^M$$

である．サブベクトル Q_{ic}, Q_e, Q_{im}, Q_d は，それぞれ次のようなベクトルである．

$$Q_{ic} = \begin{bmatrix} 0 & \partial\xi_i/\partial x_1 & \partial\xi_i/\partial x_2 & \partial\xi_i/\partial x_3 & U_i \end{bmatrix}^T$$
$$Q_e = \begin{bmatrix} \varphi^2 & -\tilde{\gamma}u_1 & -\tilde{\gamma}u_2 & -\tilde{\gamma}u_3 & -\tilde{\gamma} \end{bmatrix}^T$$
$$Q_{im} = \begin{bmatrix} -U_i & \partial\xi_i/\partial x_1 & \partial\xi_i/\partial x_2 & \partial\xi_i/\partial x_3 & 0 \end{bmatrix}^T$$
$$Q_d = \begin{bmatrix} 1 & u_1 & u_2 & u_3 & (e + p)/\rho \end{bmatrix}^T$$

ただし，$\tilde{\gamma} = \gamma - 1$，$\varphi^2 = \tilde{\gamma}u_j u_j/2$ である．

式 (5.119) は，Roe スキームに基づき，次のような流束差分離式に変換することもできる．

$$(F_i)_{\ell+1/2} = \frac{1}{2}\{F_i(Q_{\ell+1/2}^L) + F_i(Q_{\ell+1/2}^R) - |(A_i)_{\ell+1/2}|(Q_{\ell+1/2}^R - Q_{\ell+1/2}^L)\} \tag{5.126}$$

$|(A_i)_{\ell+1/2}|Q_{\ell+1/2}^M$ $(i = 1, 2, 3, \ M = L, R)$ は，Roe 平均を施した次式で計算される．

$$|(A_i^{\pm})_{\ell+1/2}|Q^M = |\bar{\lambda}_{i1}|Q^M + \frac{|\bar{\lambda}_{ia}|}{\bar{c}\sqrt{g_{ii}}}Q_{ia} + \frac{|\bar{\lambda}_{ib}|}{\bar{c}^2}Q_{ib} \tag{5.127}$$

ただし，

$$|\bar{\lambda}_{ia}| = \frac{|\bar{\lambda}_{i4}| - |\bar{\lambda}_{i5}|}{2}, \quad |\bar{\lambda}_{ib}| = \frac{|\bar{\lambda}_{i4}| + |\bar{\lambda}_{i5}|}{2} - |\bar{\lambda}_{i1}|$$

で，また，

$$\bar{Q}_{ia} = \bar{p}\bar{Q}_{ic} + \Delta\bar{m}_i\bar{Q}_d, \quad \bar{Q}_{ib} = \frac{\Delta\bar{m}_i\bar{c}^2}{g_{ii}}\bar{Q}_{ic} + \bar{p}\bar{Q}_d$$

$$\bar{p} = \bar{Q}_e \cdot \bar{Q}^M, \quad \Delta\bar{m}_i = \bar{Q}_{im} \cdot \bar{Q}^M$$

である．ここで，オーバーラインの付いた変数が Roe 平均される．Q^L, Q^R は，Compact MUSCL[9]などにより初期変数が高次補間される．

式 (5.120) は，陰的時間進行法である LU-SGS スキーム[17]にも応用できる．LU-SGS スキームを改めて示せば，次のようになる．

$$D\Delta Q^* = RHS + \Delta t G^+(\Delta Q^*) \tag{5.128a}$$

$$\Delta Q^n = \Delta Q^* - D^{-1}\Delta t G^-(\Delta Q^n) \tag{5.128b}$$

ただし，

$$G^+(\Delta Q^*) = (A_1^+\Delta Q^*)_{i-1,j,k} + (A_2^+\Delta Q^*)_{i,j-1,k} + (A_3^+\Delta Q^*)_{i,j,k-1}$$

$$G^-(\Delta Q^n) = (A_1^-\Delta Q^n)_{i+1,j,k} + (A_2^-\Delta Q^n)_{i,j+1,k} + (A_3^-\Delta Q^n)_{i,j,k+1}$$

である．$A_\ell^\pm\Delta Q$ $(\ell = 1, 2, 3)$ は，式 (5.120) の Q^M を ΔQ に置き換えることで計算できる．

5.13 計算例

空間 4 次精度である Compact MUSCL の解像度を検証するため，超音速ダクトを通る非定常 2 次元非粘性流れを計算した結果について紹介する[19]．格子点数は 241×81 で，入口マッハ数は 1.6 である．図 5.4 に，3 次精度 MUSCL と 4 次精度 Compact MUSCL で計算された瞬間マッハ数分布を並べて比較する．ダクト内

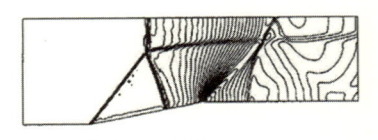 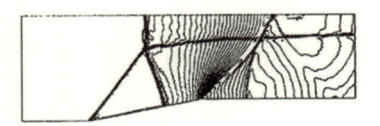

（a）3 次精度 MUSCL　　　　（b）4 次精度 Compact MUSCL

図 5.4　瞬間マッハ数分布[9]

では，まず斜め衝撃波が発生してダクト上面で反射する際に，ラムダ形状の衝撃波を形成している．さらに，ラムダ波の頂点から接触不連続面が生成されて下流にまで至っている．ラムダ衝撃波の解像度は 3 次精度も 4 次精度もあまり変わらないのに対して，接触不連続面は 4 次精度 Compact MUSCL のほうが明らかに高い解像度で捕獲されている．

　もう一つ，典型的な計算結果について紹介する．図 5.5 は，2 次元 CNS でシリンダー形状周りの非定常遷音速粘性流れを計算して得られた瞬間マッハ数分布である[19]．これは，Van Dyke の An Album of Fluid Motion[20] に実験写真が記載されている有名な流れである．一様流マッハ数は 0.90 である．シリンダー後方に大規模な剥離渦が形成されて，垂直衝撃波との複雑な干渉が発生している．現在は，より高忠実（high fidelity）な手法がいくつか提案されて，それらを使えばさらに詳細な非定常流れが得られるかもしれないが，1994 年の計算であり，当時としてはかなり高解像な結果であった．

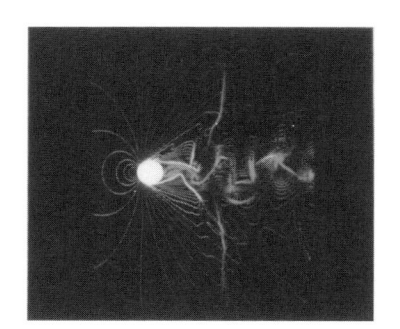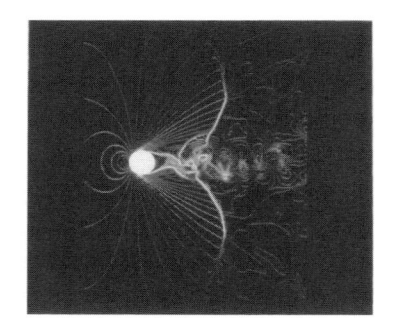

図 5.5　シリンダー周りにおける非定常遷音速粘性流れの瞬間マッハ数分布[19]

5.14　前処理法

　圧縮性流れの差分解法を，自然対流などの非常に遅い流れに適用すると，解が求められなくなる問題がある．その理由として，低マッハ数の流れを計算する際に発生する解の硬直（stiff）性が挙げられる．これは，物理速度に比べて音速が卓越してしまい，CFL 数が極端に制約されてしまうことが原因であると考えられる．これにより時間間隔をきわめて小さくしなければならず，大幅な計算時間の増大も伴う．Turkel[21]，Choi と Merkle[22]，Weiss と Smith[22] らは，この問題を克服す

るために前処理法（preconditioning method）を提案し，圧力を未知変数とする擬似圧縮法に基づく支配方程式に，擬似音速を導入した．ここでは，Weiss と Smith の方法に基づき，筆者らが提案した前処理型差分解法について説明する．

5.14.1 前処理型圧縮性ナビエ・ストークス方程式

前処理型に変形された 3 次元 CNS は，一般曲線座標で次のように定義される．

$$\Gamma\frac{\partial \hat{Q}}{\partial t} + \frac{\partial F_i}{\partial \xi_i} = \frac{\partial F_{vi}}{\partial \xi_i} \tag{5.129}$$

ここで，

$$\hat{Q} = J\begin{bmatrix} p \\ u_1 \\ u_2 \\ u_3 \\ T \end{bmatrix}, \quad F_i = J\begin{bmatrix} \rho U_i \\ \rho u_1 U_i + (\partial \xi_i/\partial x_1)p \\ \rho u_2 U_i + (\partial \xi_i/\partial x_2)p \\ \rho u_3 U_i + (\partial \xi_i/\partial x_3)p \\ (e+p)U_i \end{bmatrix}, \quad F_{vi} = J\frac{\partial \xi_i}{\partial x_j}\begin{bmatrix} 0 \\ \tau_{j1} \\ \tau_{j2} \\ \tau_{j3} \\ \tau_{jk}u_k + \kappa\partial T/\partial x_j \end{bmatrix}$$

である．Γ は前処理行列で，Weiss–Smith の前処理法を適用すれば，3 次元で次のような行列になる．

$$\Gamma = \begin{bmatrix} \theta & 0 & 0 & 0 & \rho_T \\ \theta u_1 & \rho & 0 & 0 & \rho_T u_1 \\ \theta u_2 & 0 & \rho & 0 & \rho_T u_2 \\ \theta u_3 & 0 & 0 & \rho & \rho_T u_3 \\ \theta h - 1 & \rho u_1 & \rho u_2 & \rho u_3 & \rho_T h + \rho C_p \end{bmatrix} \tag{5.130}$$

ただし，$h = (e+p)/\rho$, $\rho_T = \partial \rho/\partial T$ である．θ は前処理パラメータであり，次式で定義される．

$$\theta = \frac{1}{U_r^2} - \frac{\rho_T}{\rho C_p} \tag{5.131}$$

また，U_r は次のように条件分けされる値である．

$$U_r = \begin{cases} \varepsilon c & (u < \varepsilon c) \\ u & (\varepsilon c \le u < c) \\ c & (c \le u) \end{cases}$$

ここで，$u = \sqrt{u_i u_i}$ であり，ε はきわめて小さな定数値である．仮に，U_r が音速に等しければ，$\theta = 0$ となり，式 (5.129) は 3 次元 CNS に帰着する．

5.14.2　前処理型流束ベクトル分離式

筆者が導出した前処理型の流束ベクトル分離式を説明する[24, 25]. 区分的領域 ℓ と $\ell + 1$ の境界 $\ell + 1/2$ で定義される数値流束 $(F_i)_{\ell+1/2}$ は，次式のように導出される.

$$(F_i)_{\ell+1/2} = (F_i^+)_{\ell+1/2} + (F_i^-)_{\ell+1/2} = (\hat{A}_i^+)_{\ell+1/2}\hat{Q}_{\ell+1/2}^L + (\hat{A}_i^-)_{\ell+1/2}\hat{Q}_{\ell+1/2}^R \tag{5.132}$$

上式は，形式的には式 (5.119) と同じである．ただし，$\hat{A}_i^\pm$ は特性速度の符号で分離された x_i 方向の前処理型ヤコビ行列である．$\hat{Q}^L, \hat{Q}^R$ は境界 $\ell + 1/2$ の左側と右側から初期変数を MUSCL 補間して求める．$(\hat{A}_i^\pm)_{\ell+1/2}\hat{Q}_{\ell+1/2}^M$ は，流束分離形で次のように導出される.

$$(\hat{A}_i^\pm)_{\ell+1/2}\hat{Q}^M = (\Gamma L_i^{-1}\Lambda_i L_i)_{\ell+1/2}\hat{Q}^M = \hat{\lambda}_{i1}^\pm\Gamma\hat{Q}^M + \frac{\hat{\lambda}_{ia}^\pm}{\hat{c}_i\sqrt{g_{ii}}}\hat{Q}_{ia} + \frac{\hat{\lambda}_{ib}^\pm}{\hat{c}_i^2}\hat{Q}_{ib} \tag{5.133}$$

ここで，L_i と Λ_i は保存形の前処理型固有ベクトルと特性速度からなる行列を与える．また，$\hat{\lambda}_{ia}^\pm$ と $\hat{\lambda}_{ib}^\pm$ は次式で定義される.

$$\hat{\lambda}_{ia}^\pm = \frac{\hat{\lambda}_{i4}^\pm - \hat{\lambda}_{i5}^\pm}{2}, \quad \hat{\lambda}_{ib}^\pm = \frac{\ell_i^-\hat{\lambda}_{i4}^\pm - \ell_i^+\hat{\lambda}_{i5}^\pm}{\ell_i^- - \ell_i^+} - \hat{\lambda}_{i1}^\pm \tag{5.134}$$

$\hat{\lambda}_{ij}^\pm$ $(j = 1, 4, 5)$ と $\ell_i^\pm$ は，次のように導出される.

$$\hat{\lambda}_{ij}^\pm = \frac{\hat{\lambda}_{ij} \pm |\hat{\lambda}_{ij}|}{2} \tag{5.135}$$

$$\ell_i^\pm = \frac{\rho U_r^2}{U_i(1 - \alpha)/2 \pm \hat{c}_i\sqrt{g_{ii}}} \tag{5.136}$$

さらに，前処理型特性速度に相当する $\hat{\lambda}_{ij}$ $(j = 1, 4, 5)$ ならびに前処理型音速 $\hat{c}_i$ は，次のように導出される.

$$\hat{\lambda}_{i1} = U_i \tag{5.137a}$$

$$\hat{\lambda}_{i4} = (1 + \alpha)\frac{U_i}{2} + \hat{c}_i\sqrt{g_{ii}} \tag{5.137b}$$

$$\lambda_{i5} = (1 + \alpha)\frac{U_i}{2} - \hat{c}_i\sqrt{g_{ii}} \tag{5.137c}$$

$$\hat{c}_i = \frac{\sqrt{U_i^2(1-\alpha)^2/g_{ii} + 4U_r^2}}{2} \tag{5.138}$$

ただし，$\alpha = U_r^2(\rho_p + \rho_T/\rho C_p)$，$\rho_p = \partial\rho/\partial p$ である．理想気体を仮定した場合，$\rho_p = 1/RT$ である．U_r が音速に等しい場合には $\alpha = 1$ になり，圧縮性流れの差分法に帰着する．

$\hat{Q}_{ia}$，$\hat{Q}_{ib}$ は，次のように導出されたサブベクトルである．

$$\hat{Q}_{ia} = \hat{q}_1^M Q_{ic} + \rho\hat{U}_i Q_d, \quad \hat{Q}_{ib} = \frac{\rho\hat{U}_i\hat{c}_i^2}{g_{ii}}Q_{ic} + \frac{\hat{q}_1^M \hat{c}_i^2}{U_r^2}Q_d \tag{5.139}$$

$\hat{q}_j^M$ ならびに $\hat{U}_i = (\partial\xi_i/\partial x_j)\hat{q}_{j+1}^M$ $(j = 1, 2, 3)$ は，境界 $\ell + 1/2$ で MUSCL 補間された $\hat{Q}$ の j 番目方程式の要素と反変速度である．Q_{ic} と Q_d は，次のようなサブベクトルで与えられる．

$$\hat{Q}_{ic} = \begin{bmatrix} 0 & \partial\xi_i/\partial x_1 & \partial\xi_i/\partial x_2 & \partial\xi_i/\partial x_3 & U_i \end{bmatrix}^T \tag{5.140}$$

$$\hat{Q}_d = \begin{bmatrix} 1 & u_1 & u_2 & u_3 & (e+p)/\rho \end{bmatrix}^T \tag{5.141}$$

5.14.3 前処理型流束差分離式

Roe スキームに基づく流束差分離式も，同様に導出できる．基本的には，式 (5.126) と同じ形をした次式が導出される．

$$(F_i)_{\ell+1/2} = \frac{1}{2}\{F_i(\hat{Q}_{\ell+1/2}^L) + F_i(\hat{Q}_{\ell+1/2}^R) - |(\hat{A}_i)_{\ell+1/2}|(\hat{Q}_{\ell+1/2}^R - \hat{Q}_{\ell+1/2}^L)\} \tag{5.142}$$

ここで，流束差 $|(\hat{A}_i)_{\ell+1/2}|\hat{Q}^M$ $(M = L, R)$ の計算に，流束ベクトル分離式 (5.133) が使われる．

5.14.4 前処理型 LU-SGS 法

陰的時間進行法である LU-SGS 法にも，流束ベクトル分離式 (5.133) を使えば，比較的簡単に前処理型の LU-SGS 法にすることができる．すなわち，次のようになる．

$$\Gamma D\Delta\hat{Q}^* = RHS + \Delta t G^+(\Delta\hat{Q}^*) \tag{5.143a}$$

$$\Delta\hat{Q}^n = \Delta\hat{Q}^* - \Gamma^{-1}D^{-1}\Delta t G^-(\Delta\hat{Q}^n) \tag{5.143b}$$

ここで，G^+，G^- は次式により計算される．

$$G^+(\Delta \hat{Q}^*) = (\hat{A}_1^+ \Delta \hat{Q}^*)_{i-1,j,k} + (\hat{A}_2^+ \Delta \hat{Q}^*)_{i,j-1,k} + (\hat{A}_3^+ \Delta \hat{Q}^*)_{i,j,k-1} \quad (5.144a)$$

$$G^-(\Delta \hat{Q}^n) = (\hat{A}_1^- \Delta \hat{Q}^n)_{i+1,j,k} + (\hat{A}_2^- \Delta \hat{Q}^n)_{i,j+1,k} + (\hat{A}_3^- \Delta \hat{Q}^n)_{i,j,k+1} \quad (5.144b)$$

$\hat{A}_i^{\pm} \Delta \hat{Q}$ ($i = 1, 2, 3$) は，式 (5.133) から $\hat{Q}^M$ を $\Delta \hat{Q}$ に置き換えて計算できる．

5.14.5　前処理法の計算例

　前処理法を用いて計算した典型的な計算例[24, 25]を二つ紹介する．いずれも，前処理を施さないと CNS では計算できない問題である．図 5.6(a) は，迎角 $2°$，一様流マッハ数 0.01，レイノルズ数が 2×10^4 で，NACA0012 翼周りの低速粘性流れを計算して得られた等マッハ数分布である．本来，INS で計算する低速粘性流れであるが，前処理法により CNS でも計算が可能になる．ちなみに前処理法なしで計算すると，圧力場の解は振動してしまい，正確な解は得られなかった．

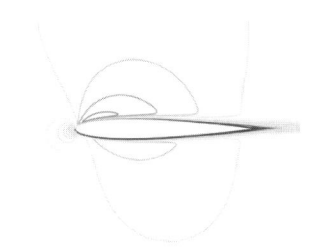
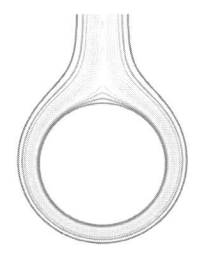

（a）NACA0012 翼周りのマッハ数分布　　（b）シリンダー周り自然対流の温度分布

図 5.6　前処理法により計算された計算結果

　一方，図 5.6(b) はレイリー数 10^5，シリンダー表面温度 325.5 K，一様場の温度 293.0 K の条件で，シリンダー周り自然対流を計算して得られた温度分布である．シリンダー周りに発生した温度境界層が，浮力によってシリンダー上部にプルームを形成している．非圧縮性流れの差分解法で計算した結果（Kuehn と Goldstein[26]）と比較したが，完全な一致を示した．なお，Kuehn と Goldstein は，温度場の計算に対流の影響を無視したブシネスク近似（Boussinesq approximation）を用いており，大きな温度差の自然対流問題は計算できないのに対して，前処理法は CNS がベースになっているのでその制約はない．

6

熱・化学非平衡流れの数値解法

6.1 基礎方程式の定式化

衝撃波を伴う遷音速・超音速流れは，CNS を解くことにより数値計算できる．しかし，実際の流れはさらに複雑であり，たとえば，化学反応や気液相変化を伴う圧縮性流れなども実在する．ここでは，そうした典型的なマルチフィジックス CFD である熱・化学非平衡流れ（thermo-chemical nonequilibrium flow）の数理モデルについて説明する．複雑な吸熱反応を伴う熱・化学非平衡流れとしては，とくに大気圏突入問題（reentry problem）が知られている．物体が大気圏に極超音速で突入すると，前方に発生した離脱衝撃波の背後で温度が急上昇する．これに伴い，酸素分子・窒素分子がそれぞれの原子に解離し，さらに，9000 K 以上になるとイオンと電子に電離する[1]．このような流れについて正確な解を得るには，熱・化学非平衡現象を模擬する数理モデルとともに CNS を解く必要がある．ここでは，次のような仮定に基づき，熱・化学非平衡流れの基礎方程式を定式化する．

(1) 流れは連続体である．

(2) 3 原子以上の分子は無視する．

(3) 輻射は無視できる．

(4) すべての分子で分子振動温度（vibrational temperature）は同じで，かつ電子温度とも等しい．

(5) 並進温度（translational temperature）と回転温度（rotational temperature）は等しい．

(6) 化学非平衡状態である．

(7) 熱非平衡状態である．

化学種（chemical species）の質量保存式は，次のように定義される．

$$\frac{\partial \rho_s}{\partial t} + \frac{\partial}{\partial x_j}(\rho_s u_j) = -\frac{\partial}{\partial x_j}(\rho_s v_{sj}) + w_s \tag{6.1}$$

ただし，ρ_s は化学種 s の密度である．化学種 s の数だけ，この質量保存式を解くことになる．u_j は j 方向の質量平均速度成分で，右辺第 1 項は拡散速度項である．ここで，化学種 s の流速を u_{sj} とすれば，化学種 s の拡散速度は $v_{sj} = u_{sj} - u_j$ となる．右辺第 2 項 w_s は，化学種 s の反応生成速度である．

運動量保存式は，次のように定義される．

$$\frac{\partial(\rho u_i)}{\partial t} + \frac{\partial}{\partial x_j}(\rho u_i u_j + p\delta_{ij}) = \frac{\partial \tau_{ij}}{\partial x_j} \tag{6.2}$$

ここで，ρ, p, τ_{ij} はそれぞれ混合気体の密度，静圧，粘性応力テンソルであり，CNS の運動量保存則と同じ形式である．

全内部エネルギーの保存式は，次のように定義される．

$$\frac{\partial E}{\partial t} + \frac{\partial}{\partial x_j}\{(E+p)u_j\} = -\frac{\partial q_j}{\partial x_j} + \frac{\partial}{\partial x_j}(u_i \tau_{ij}) - \sum_s \frac{\partial}{\partial x_j}\rho_s v_{sj} h_s \tag{6.3}$$

ここで，E は単位体積あたりの全内部エネルギー，q_j は j 方向の熱流束である．右辺第 3 項は化学種 s の拡散に伴うエンタルピー変化を表す項で，この項を除けば式 (6.3) は CNS のエネルギー保存則と同じ形式である．h_s は，岐点状態（よどみ点状態）にある化学種 s のエンタルピーで，岐点エンタルピー（よどみ点エンタルピー）とよばれる．

また，熱・化学非平衡流れ特有の支配方程式として，分子振動エネルギー保存式が次のように定義される．

$$\frac{\partial E_v}{\partial t} + \frac{\partial}{\partial x_j}(E_v u_j) = -\frac{\partial q_{vj}}{\partial x_j} - \frac{\partial}{\partial x_j}\left(\sum_m \rho_m e_{vm} v_{mj}\right) + w_v \tag{6.4}$$

ここで，E_v は単位体積あたりの分子振動エネルギー，q_{vj} は j 方向の分子振動熱流束である．e_{vm} は 2 原子分子である化学種 m の単位質量あたりの分子振動エネルギーで，右辺第 2 項は化学種 m の拡散に伴う分子振動エネルギーの変化を表す．右辺第 3 項の w_v は，分子振動エネルギーの生成項である．

これらの式を一つにまとめて 2 次元ベクトル・テンソル表示すれば，次のようになる．

$$\frac{\partial Q}{\partial t} + \frac{\partial F_j}{\partial x_j} + \frac{\partial F_{vj}}{\partial x_j} = W \tag{6.5}$$

ただし，

$$
Q = \begin{bmatrix} \rho_1 \\ \vdots \\ \rho_n \\ \rho u_1 \\ \rho u_2 \\ E \\ E_v \end{bmatrix}, \quad
F_j = \begin{bmatrix} \rho_1 u_j \\ \vdots \\ \rho_n u_j \\ \rho u_1 u_j + p\delta_{1j} \\ \rho u_2 u_j + p\delta_{2j} \\ (E+p)u_j \\ E_v u_j \end{bmatrix}, \quad
F_{vj} = -\begin{bmatrix} -\rho_1 v_{1j} \\ \vdots \\ -\rho_n v_{nj} \\ \tau_{1j} \\ \tau_{2j} \\ \tau_{jk}u_k - q_j - \sum_s \rho_s v_{sj} h_s \\ -q_{vj} - \sum_m \rho_m e_{vm} v_{mj} \end{bmatrix},
$$

$$
W = \begin{bmatrix} w_1 \\ \vdots \\ w_n \\ 0 \\ 0 \\ 0 \\ w_v \end{bmatrix}
$$

である．さらに，一般曲線座標系に変換すれば，

$$
\frac{\partial \hat{Q}}{\partial t} + \frac{\partial \hat{F}_j}{\partial \xi_j} + \frac{\partial \hat{F}_{vj}}{\partial \xi_j} = \hat{W} \tag{6.6}
$$

となる．ただし，

$$
\hat{Q} = J \begin{bmatrix} \rho_1 \\ \vdots \\ \rho_n \\ \rho u_1 \\ \rho u_2 \\ E \\ E_v \end{bmatrix}, \quad
\hat{F}_j = J \begin{bmatrix} \rho_1 U_j \\ \vdots \\ \rho_n U_j \\ \rho u_1 U_j + \partial \xi_j / \partial x_1 p \\ \rho u_2 U_j + \partial \xi_j / \partial x_2 p \\ (E+p)U_j \\ E_v U_j \end{bmatrix}
$$

$$
\hat{F}_{vj} = -J \frac{\partial \xi_j}{\partial x_k} \begin{bmatrix} -\rho_1 v_{1k} \\ \vdots \\ -\rho_n v_{nk} \\ \tau_{1k} \\ \tau_{2k} \\ \tau_{\ell k}u_\ell - q_k - \sum_s \rho_s v_{sk} h_s \\ -q_{vk} - \sum_m \rho_m e_{vm} v_{mk} \end{bmatrix}, \quad
\hat{W} = J \begin{bmatrix} w_1 \\ \vdots \\ w_n \\ 0 \\ 0 \\ 0 \\ w_v \end{bmatrix}
$$

である．全内部エネルギー E は，エネルギーの総和として次式で定義される．

$$E = \sum_s \rho_s C_{vs} T + \frac{1}{2}\rho u_j u_j + E_v + \sum_s \rho_s h_s^0 \tag{6.7}$$

ここで, C_{vs} は化学種 s の並進・回転定積比熱, T は並進・回転温度 (translational-rotational temperature), h_s^0 は化学種 s の生成エンタルピーである. 圧力 p は, 混合気体を理想気体と仮定して, 次式のように定義される.

$$p = \sum_s \rho_s \frac{R}{M_s} T = \rho \bar{R} T, \quad \bar{R} = \sum_s \frac{\rho_s R}{\rho M_s} \tag{6.8}$$

ここで, R は気体定数で, $\bar{R}$ は混合気体の比気体定数である. なお, 空気を構成するおもな化学種のモル質量 M_s と生成エンタルピー h_s^0 は, 表 6.1 のようにまとめられる.

表 6.1　空気を構成するおもな化学種のモル質量と生成エンタルピー

化学種 s	モル質量 M_s [kg/mol]	生成エンタルピー h_s^0 [J/kg]
窒素分子 N_2	28.02×10^{-3}	0.0
酸素分子 O_2	32.00×10^{-3}	0.0
一酸化窒素分子 NO	30.01×10^{-3}	2.996123×10^6
一酸化窒素イオン NO^+	30.01×10^{-3}	3.283480×10^7
窒素原子 N	14.01×10^{-3}	3.362161×10^7
酸素原子 O	16.00×10^{-3}	1.543119×10^7
電子 e^-	5.47×10^{-7}	0.0

また, 化学種 s の並進・回転定積比熱 C_{vs} は, 並進定積比熱 C_{vtrs} と回転定積比熱 C_{vrots} の和で求められる. すなわち,

$$C_{vs} = \begin{cases} C_{vtrs} + C_{vrots} & (2 \text{ 原子分子}) \\ C_{vtrs} & (\text{単原子分子}) \end{cases} \tag{6.9}$$

となる. ただし,

$$C_{vtrs} = \frac{3}{2}\frac{R}{M_s}, \quad C_{vrots} = \frac{R}{M_m}$$

である. ここで, 添え字 m は分子のみを意味する.

6.2　熱・化学非平衡モデル

　式 (6.1) の右辺第 2 項の反応生成速度は, 化学反応モデルに基づき計算される.

ここではまず，熱・化学非平衡流れを支配する化学反応モデルについて説明する．

6.2.1 化学反応式[2, 3]

大気圏突入の際に発生する極超音速熱・化学非平衡流れにおける素反応は，窒素分子と酸素分子との反応である．まず，分子・原子衝突による反応，すなわち解離反応として，次の化学反応が支配的である．

$$N_2 + A \rightleftharpoons 2N + A \tag{6.10}$$
$$O_2 + A \rightleftharpoons 2O + A \tag{6.11}$$
$$NO + A \rightleftharpoons N + O + A \tag{6.12}$$

ここで，A は衝突する化学種であり，たとえば式 (6.12) の場合，以下の七つの反応からなる．

$$NO + O_2 \rightleftharpoons N + O + O_2$$
$$NO + N_2 \rightleftharpoons N + O + N_2$$
$$NO + NO \rightleftharpoons N + O + NO$$
$$NO + O \rightleftharpoons N + O + O$$
$$NO + N \rightleftharpoons N + O + N$$
$$NO + NO^+ \rightleftharpoons N + O + NO^+$$
$$NO + e^- \rightleftharpoons N + O + e^-$$

ただし，最後の電子の衝突による反応は，ほかに比べて無視できるほど小さい．

次に，原子が入れ替わる交換反応として，次の 2 反応が支配的である．

$$N_2 + O \rightleftharpoons NO + N \tag{6.13}$$
$$NO + O \rightleftharpoons O_2 + N \tag{6.14}$$

さらに，高温の場合には次の電離反応も起こり得る．

$$N + O \rightleftharpoons NO^+ + e^- \tag{6.15}$$

6.2.2 反応生成速度[1]

化学種の生成・消滅は，質量保存式の生成項に反応生成速度として組み込まれる．化学反応の非平衡状態は，一般式で次のように定義される．

$$\sum_s \alpha_s X_s \rightleftharpoons \sum_s \beta_s X_s \tag{6.16}$$

たとえば，酸素原子が生成される酸素分子の解離反応

$$\text{O}_2 + \text{A} \rightleftharpoons 2\text{O} + \text{A}$$

の場合には，α_s, β_s は次のように求められる．

$$\alpha_{\text{O}_2} = 1, \quad \alpha_{\text{O}} = 0, \quad \alpha_{\text{A}} = 1, \quad \beta_{\text{O}_2} = 0, \quad \beta_{\text{O}} = 2, \quad \beta_{\text{A}} = 1$$

この場合の順方向ならびに逆方向の反応生成速度は，次式で定義される．

$$R_s^f = (\beta_s - \alpha_s)k_s^f \prod_{j=1}^{n}[\text{X}_j]^{\alpha_j} \tag{6.17}$$

$$R_s^b = -(\beta_s - \alpha_s)k_s^b \prod_{j=1}^{n}[\text{X}_j]^{\beta_j} \tag{6.18}$$

したがって，化学種 s の反応生成速度は，

$$R_s = R_s^f + R_s^b \tag{6.19}$$

これより，酸素原子の反応生成速度は次のように求められる．

$$R_{\text{O}} = R_{\text{O}}^f + R_{\text{O}}^b = (2-0)k_{\text{O}}^f[\text{X}_{\text{O}_2}^1\text{X}_{\text{O}}^0\text{X}_{\text{A}}^1] - (2-0)k_{\text{O}}^b[\text{X}_{\text{O}_2}^0\text{X}_{\text{O}}^2\text{X}_{\text{A}}^1]$$
$$= 2[k_{\text{O}}^f\text{X}_{\text{O}_2}\text{X}_{\text{A}} - k_{\text{O}}^b\text{X}_{\text{O}}^2\text{X}_{\text{A}}]$$

実際には，質量生成速度の形で生成項の中に組み込まれることから，

$$w_{\text{O}} = M_{\text{O}} \cdot R_{\text{O}}$$
$$= 2M_{\text{O}}\left\{ k_{\text{O}}^f\left(\frac{\rho_{\text{O}}}{M_{\text{O}}}\right)\left(\frac{\rho_{\text{A}}}{M_{\text{A}}}\right) - k_{\text{O}}^b\left(\frac{\rho_{\text{O}}}{M_{\text{O}}}\right)^2\left(\frac{\rho_{\text{A}}}{M_{\text{A}}}\right) \right\}$$

となる．ここで，M_{O}, M_{A} は酸素原子 O と化学種 A のモル質量である．最終的にすべての化学反応における酸素原子 O の反応生成速度の総和を求め，式 (6.1) 右辺第 2 項に反応生成速度として組み入れる．

式 (6.17), (6.18) における k_s^f ならび k_s^b は，それぞれ化学種 s の順反応，逆反応の速度係数であり，次のアレニウス（Arrhenius）の式に基づき計算される．

$$k_s^f(\bar{T}) = C_s^f \bar{T}^{\eta_s} \exp\left(-\frac{\theta_s}{\bar{T}}\right) \tag{6.20}$$

$$k_s^b(\bar{T}) = \frac{k_s^f(\bar{T})}{K_s^{\text{eq}}(\bar{T})} \tag{6.21}$$

表 6.2 各化学反応におけるアレニウス定数の値[4, 5]

反応式	化学種 s	s と反応する化学種	C_s^f [m³/(mol·s)]	η_s	θ_s [K]
式 (6.10)	N_2	N_2, O_2	7.0×10^{21}	-1.60	113.2×10^3
		NO			
		NO^+			
		N, O	3.0×10^{22}		
		e^-	1.25×10^{25}		
式 (6.11)	O_2	N_2, O_2	2.0×10^{21}	-1.50	59.36×10^3
		NO			
		NO^+			
		N, O	1.0×10^{22}		
		e^-	1.32×10^{22}	-1.00	
式 (6.12)	NO	N_2, O_2	5.0×10^{15}	0.00	75.5×10^3
		NO	1.1×10^{17}		
		NO^+	5.0×10^{15}		
		N, O	1.1×10^{17}		
		e^-	7.36×10^{19}	-0.50	
式 (6.13)	N_2	O	6.4×10^{17}	-1.00	38.4×10^3
式 (6.14)	NO	O	8.4×10^{12}	0.00	19.45×10^3
式 (6.15)	N	O	8.8×10^8	1.00	31.9×10^3

ただし，C_s^f, η_s, θ_s はアレニウス定数である．式 (6.10)～(6.15) の各化学反応におけるこれらの値を，表 6.2 にまとめた．

$\bar{T}$ は基本的に並進・回転温度 T を与えるが，解離反応の場合には順反応について $\bar{T} = \sqrt{TT_v}$ を用いる場合がある．K_s^{eq} は非平衡状態を与える平衡定数であり，温度の関数として，次式が提案されている[3]．

$$K_s^{\mathrm{eq}}(\bar{T}) = \exp(A_{1s}Z^{-1} + A_{2s} + A_{3s}\ln Z + A_{4s}Z + A_{5s}Z^2) \tag{6.22}$$

ここで，$Z = 1.0 \times 10^4/\bar{T}$ である．また，A_{js} $(j = 1, \cdots, 5)$ は経験定数である．各化学反応における値を，表 6.3 に示す．

表 6.3 各化学反応における A_{1s}～A_{5s} の値

反応式	A_{1s}	A_{2s}	A_{3s}	A_{4s}	A_{5s}
式 (6.10)	1.535	1.606	1.299	-11.494	0.007
式 (6.11)	0.554	2.460	1.776	-6.572	0.031
式 (6.12)	0.559	0.716	0.554	-7.530	-0.014
式 (6.13)	0.977	0.890	0.746	-3.964	0.007
式 (6.14)	0.005	-1.744	-1.223	-0.958	-0.046
式 (6.15)	-0.515	-8.012	-1.891	-3.285	0.020

6.2.3 熱非平衡モデル

熱非平衡を支配しているのは分子振動エネルギーである．よって，熱・化学非平衡流れを計算するためには，分子振動エネルギー保存式を連立して解く必要がある．熱非平衡は，とくに再突入物体の前方に発生する強い離脱衝撃波後方で見られ，この部分では強い分子衝突により並進・回転エネルギーから分子振動エネルギーへのエネルギーの移動が起こる．このため，分子が振動励起を起こして熱非平衡状態になる．厳密には，分子ごとの振動エネルギー交換や分子・電子間のエネルギー交換なども起こり，これらも考慮しなければならないが，ここでは分子ごとの分子振動温度は同じであると仮定して，全分子振動エネルギーとして一つの保存式を解くことにする．この場合，並進・回転と分子振動とのエネルギー交換が最も支配的であり，分子振動励起状態から熱平衡状態に移行する分子振動緩和時間のスケールが，流れの特性時間に比べて非常に長い場合がある．したがって，分子振動緩和時間の数理モデルが現象解明の鍵を握っている

並進・回転から分子振動へのエネルギー交換速度 Q_{T-vs} は，Landau と Teller らによって次のように提案された[1]．

$$Q_{T-vs} = \rho_s \frac{e_{vs}^*(T) - e_{vs}}{\tau_{vs}} \tag{6.23}$$

ただし，

$$\tau_{vs} = \langle \tau_{sr} \rangle = \frac{\sum_r X_r}{\sum_r X_r/\tau_{sr}}, \quad X_r = \frac{\rho_s M}{\rho M_r}, \quad M = \left(\sum_s \frac{\rho_s}{\rho M_s} \right)^{-1}$$

である．e_{vs}^*, e_{vs} は，それぞれ熱平衡状態と振動励起状態での分子振動エネルギーであり，調和振動子を仮定した場合は次のようになる．

$$e_{vs}^* = \frac{R}{M_s} \frac{\theta_{vs}}{e^{\theta_{vs}/T} - 1}, \quad e_{vs} = \frac{R}{M_s} \frac{\theta_{vs}}{e^{\theta_{vs}/T_v} - 1} \tag{6.24}$$

τ_{sr} は分子振動緩和時間で，Landau と Teller や，Millikan と White[6] により，次式が提案された．

$$p\tau_{sr} = \exp\{1.16 \times 10^{-3} \mu_{sr}^{1/2} \theta_{vs}^{4/3} (T^{-1/3} - 0.015\mu_{sr}^{1/4}) - 18.42\} \tag{6.25}$$

ただし，

$$\mu_{sr} = \frac{M_s M_r}{M_s + M_r}$$

である. さらに, このエネルギー交換速度 Q_{T-vs} は, Park[3] によって次のように適用範囲が広げられている.

$$Q_{T-vs} = \rho_s \frac{e_{vs}^*(T) - e_{vs}}{\tau_{vs}} \left| \frac{T_{\text{shk}} - T_{vs}}{T_{\text{shk}} - T_{vs,\text{shk}}} \right|^{S_s - 1} \tag{6.26}$$

ここで,

$$\tau_{vs} = \langle \tau_{sr} \rangle + \tau_{cs}, \quad \tau_{cs} = \frac{1}{c_s \sigma_v N_s}$$

である. 添字 shk は衝撃波の直後の位置を意味する. また,

$$S_s = 3.5 \exp\left(-\frac{\theta_s}{T_{\text{shk}}}\right), \quad c_s = \sqrt{\frac{8RT}{\pi M_s}}, \quad \sigma_v = 10^{-21} \left(\frac{5.0 \times 10^4}{T}\right)^2,$$

$$N_s = \frac{\rho_s R_s}{k_B}$$

である. ここで, k_B はボルツマン定数 $(= 1.38^{-23}$ J/K$)$, $R_s = R/M_s$ である. θ_s, θ_{vs} は化学種 s の特性温度, および分子振動特性温度で, **表 6.4** のようになる.

表 6.4　特性温度と分子振動特性温度

化学種 s	θ_s [K]	θ_{vs} [K]
N_2	5000	3395
O_2	3350	2239
NO	4040	2817
NO^+	4040	2817

最終的に, 分子振動エネルギー保存式の生成項 w_v は, 2原子分子の化学種 m のみを対象に, エネルギー交換速度 Q_{T-vs} を考慮して次式から計算される.

$$w_v = \sum_m Q_{T-vm} + \sum_m w_m e_{vm} \tag{6.27}$$

6.3　粘性応力ならびに熱流束[7, 8]

粘性応力テンソル τ_{ij}, 熱流束 q_j, 分子振動熱流束 q_{vj} は, 次のように定義される.

$$\tau_{ij} = \mu \left\{ \left(\frac{\partial u_i}{\partial x_j} + \frac{\partial u_j}{\partial x_i} \right) - \frac{2}{3} \delta_{ij} \frac{\partial u_k}{\partial x_k} \right\} \tag{6.28}$$

$$q_j = -\kappa \frac{\partial T}{\partial x_j}, \quad q_{vj} = -\kappa_v \frac{\partial T_v}{\partial x_j} \tag{6.29}$$

ただし，分子粘性係数 μ，並進・回転温度の熱伝導率 κ，分子振動温度の熱伝導率 κ_v は，おのおのの化学種の粘性係数 μ_s，並進・回転温度の熱伝導率 κ_s，分子振動・電子温度の熱伝導率 κ_{vs} から，次のように求められる．

$$\mu = \sum_s \frac{X_s \mu_s}{\phi_s}, \quad \kappa = \sum_s \frac{X_s \kappa_s}{\phi_s}, \quad \kappa_v = \sum_m \frac{X_m \kappa_{vm}}{\phi_m}$$

ここで，

$$X_s = \frac{\rho_s M}{\rho M_s}, \quad M = \left(\sum_s \frac{\rho_s}{\rho M_s} \right)^{-1}$$

$$\phi_s = \sum_{r=1}^n X_s \left\{ 1 + \sqrt{\frac{\mu_s}{\mu_r}} \left(\frac{M_r}{M_s} \right)^{1/4} \right\}^2 \left\{ \sqrt{8 \left(1 + \frac{M_s}{M_r} \right)} \right\}^{-1}$$

である．化学種 s の粘性係数には，Blottner[9] が提案した次式の粘性モデルが用いられる．

$$\mu_s = 0.1 \exp\{(A_s \ln T + B_s) \ln T + C_s\} \tag{6.30}$$

ただし，A_s，B_s，C_s はモデル定数であり，表 6.5 のようになる．

表 6.5　粘性係数のモデル定数

化学種 s	A_s	B_s	C_s
N_2	0.0268142	0.3177838	-11.3155513
O_2	0.0449290	-0.0826158	-9.2019475
NO	0.0436378	-0.0335511	-9.5767430
NO^+	0.3020141	-3.5039791	-3.7355157
N	0.0115572	0.6031679	-12.4327495
O	0.0203144	0.4294404	-11.6031403

化学種 s の並進・回転温度ならびに分子振動温度の熱伝導率 κ_s，κ_{vs} は，それぞれの定積比熱 C_{vtrs}，C_{vrots}，C_{vvibs} を用いて次式で定義される．

$$\kappa_s = \mu_s \left(\frac{5}{2} C_{vtrs} + C_{vrots} \right) \tag{6.31}$$

$$\kappa_{vs} = \mu_s C_{vvibs} \tag{6.32}$$

6.4　拡散速度

　化学種 s の流速を u_{sj}, 質量平均の流速を u_j とすると, 化学種 s の拡散速度は $v_{sj} = u_{sj} - u_j$ になる. しかし, これを直接求めることは困難である. 代わりに拡散項として近似して, その拡散係数をモデル化したものが一般的には計算に用いられる. その中で, Hirschfelder ら[10] が分子動力学に基づいて導出した式を Lee[7] が簡略化した式がよく知られている. ここではそれについて説明する.

　拡散速度を拡散項の形で近似した式は, 次のように定義される.

$$\rho_s v_{sj} = -\rho D_s \frac{\partial \rho_s/\rho}{\partial x_j} \tag{6.33}$$

ここで, D_s は化学種 s の拡散速度係数であり, 次式のようにモデル化される.

$$D_s = \frac{1 - \rho/\rho_s}{\sum_{r \neq s} (X_j/D_{sr})} \tag{6.34}$$

ただし, D_{sr} は 2 成分拡散係数

$$D_{sr} = 2.628 \times 10^{-7} \frac{\sqrt{T^3}}{p\sigma_{sr}^2 \Omega_{sr}^{(1,1)*}} \sqrt{\frac{M_s + M_r}{2M_s M_r}}$$

である. σ_{sr} は近似された分子間の衝突距離で, 分子の特性直径 σ_s を用いて

$$\sigma_{sr} = \frac{1}{2}(\sigma_s + \sigma_r) \tag{6.35}$$

と表される. また, $\Omega_{sr}^{(1,1)*}$ は衝突する分子の相対的なエネルギーの関数 $T^* \equiv k_B T/\epsilon$ の多項式で表される. ただし, ϵ は衝突の特性エネルギーである.

6.5　固有ベクトルと特性速度

　一般曲線座標系の式 (6.6) における流束ベクトルからヤコビ行列を導出して, さらに固有値の対角行列と固有ベクトルの行列を導出する.

　まず, ヤコビ行列は次式のように導出される.

$$A_i = \begin{bmatrix} \left(\delta_{sr} - \dfrac{\rho_s}{\rho}\right)U_i & \dfrac{\rho_s}{\rho}\dfrac{\partial \xi_i}{\partial x_1} & \dfrac{\rho_s}{\rho}\dfrac{\partial \xi_i}{\partial x_2} & 0 & 0 \\[2ex] -u_1 U_i + \dfrac{\partial \xi_i}{\partial x_1}\phi_r^2 & U_i + (1-\tilde{\gamma})\dfrac{\partial \xi_i}{\partial x_1}u_1 & \dfrac{\partial \xi_i}{\partial x_2}u_1 - \tilde{\gamma}\dfrac{\partial \xi_i}{\partial x_1}u_2 & \tilde{\gamma}\dfrac{\partial \xi_i}{\partial x_1} & -\tilde{\gamma}\dfrac{\partial \xi_i}{\partial x_1} \\[2ex] -u_2 U_i + \dfrac{\partial \xi_i}{\partial x_2}\phi_r^2 & \dfrac{\partial \xi_i}{\partial x_1}u_2 - \tilde{\gamma}\dfrac{\partial \xi_i}{\partial x_2}u_1 & U_i + (1-\tilde{\gamma})\dfrac{\partial \xi_i}{\partial x_2}u_2 & \tilde{\gamma}\dfrac{\partial \xi_i}{\partial x_2} & -\tilde{\gamma}\dfrac{\partial \xi_i}{\partial x_2} \\[2ex] -\psi^2 U_i + U_i \phi_r^2 & \dfrac{\partial \xi_i}{\partial x_1}\psi^2 - \tilde{\gamma}U_i u_1 & \dfrac{\partial \xi_i}{\partial x_2}\psi^2 - \tilde{\gamma}U_i u_2 & \tilde{\gamma}U_i & -\tilde{\gamma}U_i \\[2ex] -\dfrac{E_v}{\rho}U_i & \dfrac{E_v}{\rho}\dfrac{\partial \xi_i}{\partial x_1} & \dfrac{E_v}{\rho}\dfrac{\partial \xi_i}{\partial x_2} & 0 & U_i \end{bmatrix}$$

$$\tag{6.36}$$

ただし，添字 s, r は各化学種に対応する．化学種の数が n 個だとすれば，実際には $(n+4) \times (n+4)$ 行列になる．一見，複雑な形ではあるが，圧縮性オイラー方程式のヤコビ行列とほとんど同じであり，化学種の数だけ保存式があることと，分子振動エネルギーの保存式が追加されたことが異なる．ここで，$\psi^2 = (E+p)/\rho$ である．また，ϕ_r^2, γ は，各化学種の熱物性を考慮して次のように与えられる．

$$\phi_r^2 = \left(\frac{R}{M_r} - \bar{R}\frac{C_{vr}}{C_v}\right)T + \tilde{\gamma}\left(\frac{1}{2}u_j u_j - h_r^0\right) \quad (r = 1, \cdots, n) \tag{6.37}$$

$$\gamma = 1 + \frac{\bar{R}}{C_v}, \quad \bar{\gamma} = \gamma - 1 = \frac{\bar{R}}{C_v}, \quad C_v = \sum_{s=1}^{n}\frac{\rho_s C_{vs}}{\rho} \tag{6.38}$$

ちなみに，圧縮性オイラー方程式では，次のようになる．

$$\phi^2 = \frac{1}{2}\tilde{\gamma}u_j u_j, \quad \gamma = 1.4, \quad \tilde{\gamma} = \gamma - 1$$

ヤコビ行列 A_i は，保存形の左固有ベクトルの行列と固有値の対角行列により，次式のように定義される．

$$A_i = L_i^{-1}\Lambda_i L_i \tag{6.39}$$

また，非保存形の左固有ベクトルからなる行列 $\tilde{L}_i$ ならびに非保存形への変換行列 N により，

$$L_i = \tilde{L}_i \cdot N \tag{6.40}$$

となる．ただし，$\tilde{L}_i$ ならびに N の各要素は，次のように導出される．

$$\tilde{L}_1 = \begin{bmatrix} \delta_{sr} & 0 & 0 & -\rho_s/\rho c^2 & 0 \\ 0 & \xi_{1,x} & \xi_{1,y} & \sqrt{g_{11}}/\rho c & 0 \\ 0 & -\xi_{1,y} & \xi_{1,x} & 0 & 0 \\ 0 & -\xi_{1,x} & -\xi_{1,y} & \sqrt{g_{11}}/\rho c & 0 \\ 0 & 0 & 0 & 0 & 1 \end{bmatrix}$$

$$\tilde{L}_2 = \begin{bmatrix} \delta_{sr} & 0 & 0 & -\rho_s/\rho c^2 & 0 \\ 0 & \xi_{2,y} & -\xi_{2,x} & 0 & 0 \\ 0 & \xi_{2,x} & \xi_{2,y} & \sqrt{g_{22}}/\rho c & 0 \\ 0 & -\xi_{2,x} & -\xi_{2,y} & \sqrt{g_{22}}/\rho c & 0 \\ 0 & 0 & 0 & 0 & 1 \end{bmatrix}$$

$$N = \begin{bmatrix} \delta_{sr} & 0 & 0 & 0 & 0 \\ -u_1/\rho & 1/\rho & 0 & 0 & 0 \\ -u_1/\rho & 0 & 1/\rho & 0 & 0 \\ \phi_r^2 & -\tilde{\gamma}u_1 & -\tilde{\gamma}u_2 & \tilde{\gamma} & -\tilde{\gamma} \\ -E_v/\rho & 0 & 0 & 0 & 1/\rho \end{bmatrix}$$

ここで, $c^2 = \gamma \bar{R} T$, $g_{ij} = \nabla \xi_i \cdot \nabla \xi_j$ である. 2 次元の場合に $(x,y) = (x_1, x_2)$ に置き換えれば, $\xi_{i,x} = \partial \xi_i / \partial x_1$, $\xi_{i,y} = \partial \xi_i / \partial x_2$ となる. また, 固有値の対角行列 Λ_i は,

$$\Lambda_1 = \begin{bmatrix} \delta_{sr}\lambda_{11} & & & & 0 \\ & \lambda_{13} & & & \\ & & \lambda_{11} & & \\ & & & \lambda_{14} & \\ 0 & & & & \lambda_{11} \end{bmatrix}$$

$$\Lambda_2 = \begin{bmatrix} \delta_{sr}\lambda_{21} & & & & 0 \\ & \lambda_{21} & & & \\ & & \lambda_{23} & & \\ & & & \lambda_{24} & \\ 0 & & & & \lambda_{21} \end{bmatrix}$$

となる. ただし,

$$\lambda_{i1} = U_i, \quad \lambda_{i3} = U_i + c\sqrt{g_{ii}}, \quad \lambda_{i4} = U_i - c\sqrt{g_{ii}}$$

である. λ_{ij} $(j = 1, 3, 4)$ は特性速度であり, 圧縮性オイラー方程式とまったく同じである. 数値解法は, 5.12 節で紹介した 3 次元 CNS の流束ベクトル分離式がほぼそのまま使えるので, ここでは改めて説明しない.

6.6 計算例

典型的な計算例として, 軸対称を仮定して半球形鈍頭物体周りの極超音速熱・化学的非平衡流[11]を計算した結果[12]について紹介する. 作動流体は空気である. 流れの境界条件は, 主流マッハ数 15.3, 一様流の流速 5280 m/s, 圧力 664 Pa, 並

図 6.1　半球形鈍頭物体周りのマッハ数分布

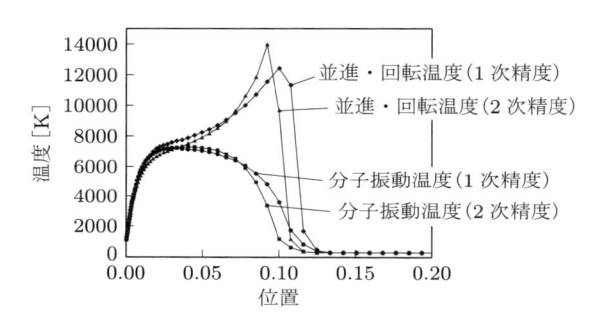

図 6.2　半球形鈍頭物体よどみ点前方部分の並進・回転温度と分子振動温度分布

進・回転温度 293 K, レイノルズ数 1.46×10^4 である. ただし, 流れは層流を仮定する. 計算格子の格子点数は 65×65 である.

　図 6.1 に, 半球形鈍頭物体周りのマッハ数分布を示す. 離脱衝撃波が発生しているが, その距離は実験結果[8]に近い値が得られた. 図 6.2 によどみ点前方部分の並進・回転温度ならびに分子振動温度分布を示す. 空間精度を 1 次と 2 次で計算した結果が示されているが, 衝撃波による並進・回転温度の上昇位置は, 1 次のほうがわずかに上流に位置した結果となった. 並進・回転温度の最大値は約 14000 K に達し, 分子振動温度も物体近傍で 6000 K に達している. 図 6.3 に半球形鈍頭物体よどみ点前方部分における N_2, O_2, NO, N, O のモル分率を示す. N_2, O_2 の解離は衝撃波背後で始まっており, O_2 はほとんど解離して NO, O に変わっている結果が得られた.

　次に, Edney Type IV[13]として知られている極超音速衝撃波干渉問題を数値計算した結果[14]について紹介する.

　図 6.4 は, Edney Type IV において発生する衝撃波干渉の模式図である. 極超

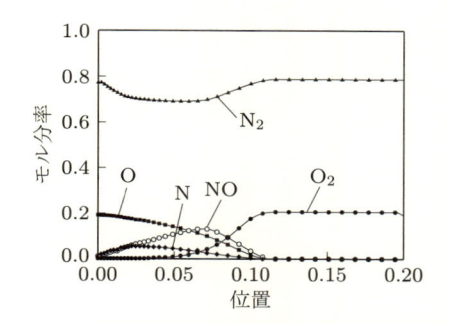

図 6.3 半球形鈍頭物体よどみ点前方部分の化学種モル分率

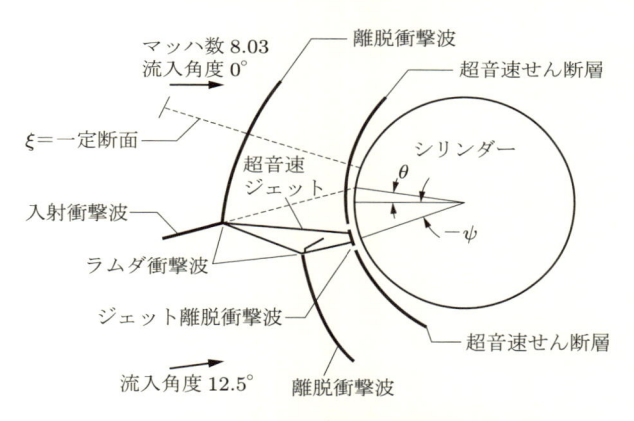

図 6.4 Edney Type IV 衝撃波干渉問題の模式図

音速流れ中にあるシリンダー周りには離脱衝撃波が発生する．そこに前方から斜め衝撃波が入射すると，斜め衝撃波と離脱衝撃波が干渉して，干渉部分から超音速ジェットが発生することが知られている．それがシリンダーに衝突する衝撃波干渉が，Edney Type IV と定義されている．この衝突により，シリンダー表面が熱・化学的に損傷することが懸念されている．流れの境界条件を，一様流のマッハ数 8.03，温度 111.56 K，圧力 985.01 Pa，レイノルズ数 5.15×10^5 として数値計算した．斜め衝撃波の入射角度を 12.5° に固定して，図 6.4 の θ を $-11°$，0° 15° と斜め衝撃波の上下位置を変化させた．作動流体は N_2 である．**図 6.5** に熱・化学非平衡の有無を仮定して計算により得られた瞬間マッハ数分布を示す．まず，図(a)が熱・化学非平衡なしの場合で，$\theta = -11°$，0°，15° の計算結果である．いずれの図においても，シリンダー前面に離脱衝撃波が発生して，そこに入射した斜め衝撃波との干渉部分から，超音速ジェットが発生していることが示されている．そのシリ

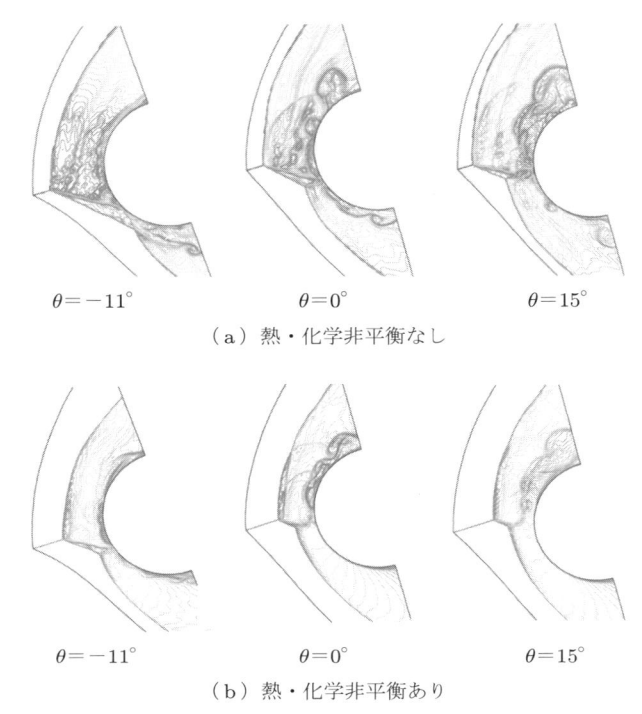

$\theta=-11°$　　　　$\theta=0°$　　　　$\theta=15°$

（a）熱・化学非平衡なし

$\theta=-11°$　　　　$\theta=0°$　　　　$\theta=15°$

（b）熱・化学非平衡あり

図 6.5　瞬間マッハ数分布

ンダー表面への衝突位置は，θ を増加させるにつれて，シリンダー上方に移動している．$\theta=0°$, 15° では，ジェットの衝突部分から非定常な境界層が形成されるとともに，ジェットが振動するのに伴い，周期的な圧力波が発生して上流側の離脱衝撃波と干渉している計算結果が得られている．一方，図(b)の熱・化学非平衡を考慮した計算結果では，離脱衝撃波の離脱距離が短くなった．それに伴い，シリンダー表面へのジェットの衝突位置も変わっている．ここで興味深いのは，$\theta=15°$ の場合には，ジェットがシリンダーには衝突せずに上方へ流れている計算結果が得られたことである．Edney は Type I から VI まで衝撃波干渉の形態を分類したが，それらには該当しない形態であり，筆者は新たに Type VII[14] と命名した．その 17 年後の 2016 年には，アーヘン工科大学の研究グループにより改めてこれは認知された[15]．

7

非平衡凝縮流れの数値解法

7.1 非平衡凝縮流れとは

　非平衡凝縮流れとは，液滴や粒子の無核状態からの急激な生成・成長を伴う流れのことをいい，たとえば蒸気タービン内における流れなどが知られている．

　非平衡凝縮流れの研究は，1887 年に，von Helmholtz が湿り蒸気の過飽和現象を発見したことに端を発する．その後，1897 年に Wilson が非平衡凝縮現象を発見し，その非平衡凝縮が初生する点はウィルソン点（Wilson point）とよばれている．また，1939 年には Prandtl が湿り蒸気中の凝縮衝撃波を撮影し，1950 年から 1980 年にかけて，数多くの実験結果や凝縮モデルが発表されている．非平衡凝縮流れの数値計算も凝縮モデルの提案に合わせて同時期に数多く発表されたが，いずれも 1 次元問題に限定されたものであった．1980 年から 1990 年代前半にかけて，2 次元問題の数値計算法もいくつか提案されており，Bakhtar ら[1]，Young[2]，Schnerr ら[3]による研究などが知られている．

　現在では，非平衡凝縮も含めて微小液滴・粒子の生成メカニズムの解明が進められているほか，化学工学や製薬分野においては，ナノ粒子の核生成・成長・凝集や超臨界流体中の核生成を研究対象として，金属やポリマーのナノ粒子創製の取り組みに応用されている．本章では，これら各分野での応用を視野に入れた数理モデルの導出過程と，具体的な基礎方程式および数値解法について説明する．

7.2 基礎方程式の定式化

7.2.1 一般力学方程式

　球形を仮定した微小な粒子（液滴含む）の生成，成長，ならびにブラウン運動に伴う凝集を支配する一般力学方程式（general dynamic equation：GDE）は，次式で定義される[4]．

$$\frac{Df}{Dt} = I\delta(v - v^*) + f_{\mathrm{coag}} \tag{7.1}$$

ただし，f は時間 t，空間 x_j において，体積 v の粒子の存在確率を表す関数，すなわち，$f = f(v, x_j, t)$ で定義される分布関数（distribution function）である．また，I は核生成率（nucleation rate），$\delta(x)$ は Dirac のデルタ関数，v^* は臨界核半径（7.3 節で後述）r^* の粒子体積である．f_{coag} はブラウン運動に伴う凝集で生成される粒子の分布関数を表す．

式 (7.1) の左辺は，次式のように展開される．

$$\frac{Df}{Dt} = \frac{\partial f}{\partial t} + \frac{\partial}{\partial v}\left(\frac{\partial v}{\partial t} f\right) + \frac{\partial}{\partial x_j}(u_j f) \tag{7.2}$$

ただし，u_j は粒子の移動速度である．

7.2.2 モーメント法

式 (7.1) の GDE を解く方法としては，モーメント法（method of moments）が広く用いられている[5]．分布関数 f からなる式 (7.1) の両辺を v^ℓ で重みづけして，すべての体積に対して積分した式は次のようになる．ℓ は後述するように，モーメントの次数である．

$$\frac{\partial}{\partial t}\left(\int_0^\infty v^\ell f dv\right) + \int_0^\infty v^\ell \frac{\partial}{\partial v}\left(\frac{\partial v}{\partial t} f\right)dv + \frac{\partial}{\partial x_j}\left(u_j \int_0^\infty v^\ell f dv\right)$$
$$= I\int_0^\infty v^\ell \delta(v - v^*)dv + \int_0^\infty v^\ell f_{\mathrm{coag}}dv \tag{7.3}$$

上式の右辺第 1 項は Dirac のデルタ関数の積分であり，$I(v^*)^\ell$ となる．また，左辺第 2 項は，$v \to \infty$ で $\partial v/\partial t \to 0$ であることから，

$$\int_0^\infty v^\ell \frac{\partial}{\partial v}\left(\frac{\partial v}{\partial t} f\right)dv = \left[v^\ell \frac{\partial v}{\partial t} f\right]_0^\infty - \ell\int_0^\infty v^{\ell-1}\frac{\partial v}{\partial t} f dv = -\ell\int_0^\infty v^{\ell-1}\frac{\partial v}{\partial t} f dv$$

となる．したがって，式 (7.3) は次のように表せる．

$$\frac{\partial n_\ell}{\partial t} + \frac{\partial}{\partial x_j}(n_\ell u_j) = I(v^*)^\ell + \ell\int_0^\infty v^{\ell-1}\frac{\partial v}{\partial t} f dv + \int_0^\infty v^\ell f_{\mathrm{coag}}dv \tag{7.4}$$

ただし，

$$n_\ell = \int_0^\infty v^\ell f dv$$

であり，これを ℓ 次モーメントとよぶ．Hill[6] は，粒子の平均半径という概念を導入して GDE を変形した．同様に，局所的な平均体積 $\bar{v}$ を導入して $\partial v/\partial t$ を $\partial \bar{v}/\partial t$ と近似することにより，式 (7.4) の右辺第 2 項は次のように簡略化される．

$$\int_0^\infty v^{\ell-1}\frac{\partial v}{\partial t}fdv = \frac{\partial \bar{v}}{\partial t}\int_0^\infty v^{\ell-1}fdv = \frac{\partial \bar{v}}{\partial t}n_{\ell-1} \tag{7.5}$$

したがって，式 (7.4) は次式のように再定義される．

$$\frac{\partial n_\ell}{\partial t} + \frac{\partial}{\partial x_j}(n_\ell u_j) = I(v^*)^\ell + \ell\frac{\partial \bar{v}}{\partial t}n_{\ell-1} + S_\ell \tag{7.6}$$

上式は，たとえば 0 次，1 次，2 次モーメントからなる次の三つの式に展開できる．

$$\frac{\partial n_0}{\partial t} + \frac{\partial}{\partial x_j}(n_0 u_j) = I + S_0 \tag{7.7}$$

$$\frac{\partial n_1}{\partial t} + \frac{\partial}{\partial x_j}(n_1 u_j) = Iv^* + \frac{\partial \bar{v}}{\partial t}n_0 + S_1 \tag{7.8}$$

$$\frac{\partial n_2}{\partial t} + \frac{\partial}{\partial x_j}(n_2 u_j) = I(v^*)^2 + 2\frac{\partial \bar{v}}{\partial t}n_1 + S_2 \tag{7.9}$$

ただし，

$$S_\ell = \int_0^\infty v^\ell f_{\text{coag}}dv$$

である．各モーメントの単位は，それぞれ $n_0\,[1/\text{m}^3]$, $n_1\,[\text{m}^3/\text{m}^3]$, $n_2\,[\text{m}^3]$ である．

式 (7.7)〜(7.9) をさらに変形してみる．まず，n_0 は単位体積あたりの粒子数，すなわち粒子の数密度であるが，これを仮に ρn と置き換えれば，n の単位は単位質量あたり $[1/\text{kg}]$ になる．この場合の ρ は流体の全密度 $[\text{kg/m}^3]$ であり，式 (7.7) は保存形に書き換えることができる．

$$\frac{\partial \rho n}{\partial t} + \frac{\partial}{\partial x_j}(\rho n u_j) = I + S_0 \tag{7.10}$$

次に，粒子の質量分率を β とすれば，$\rho\beta$ は単位体積あたりの粒子の全質量を表す．これは，密度が ρ_p で体積が $\bar{v}$ である粒子 1 個の質量 $\rho_p\bar{v}$ に，粒子の数密度 ρn を乗じたものに等しいから，

$$\rho\beta = \rho_p\bar{v}\rho n \tag{7.11}$$

と表せる．いま，平均粒子体積を導入して，$n_1 = \int_0^\infty \bar{v}fdv = \bar{v}n_0 = \bar{v}\rho n$ と近似すれば，式 (7.8) は次式のように書き換えられる．

$$\frac{\partial \rho \beta}{\partial t} + \frac{\partial}{\partial x_j}(\rho \beta u_j) = \rho_p \left(I v^* + \frac{\partial \bar{v}}{\partial t} \rho n + S_1 \right) \tag{7.12}$$

さらに，$\bar{v} = 4\pi \bar{r}^3/3$ から $\partial \bar{v}/\partial t = 4\pi r^2 \partial \bar{r}/\partial t$ であり，次式が得られる．

$$\frac{\partial \rho \beta}{\partial t} + \frac{\partial}{\partial x_j}(\rho \beta u_j) = \rho_p \left\{ \frac{4}{3}\pi (r^*)^3 I + 4\pi r^2 \frac{\partial \bar{r}}{\partial t} \rho n + S_1 \right\} \tag{7.13}$$

上式は，非平衡凝縮流れを計算する際に広く用いられる液滴質量分率の数理モデルに一致する[7]．局所的に平均粒子体積（平均粒径）を仮定した単一分散系（monodisperse）では，$\rho \beta = 4\rho_p \pi \bar{r}^3 \rho n/3$ とおけることから，粒子の平均半径 $\bar{r}$ は場の値から次式のように逆算できる．

$$\bar{r} = \left(\frac{3\beta}{4\pi \rho_p n} \right)^{1/3} \tag{7.14}$$

なお，局所的に径が異なる粒子が分散する状態は，複合分散系（polydisperse）とよばれる．これを考慮するには 2 次モーメントが必要になる（ここでは省略する）．

7.3　核生成モデル

凝縮の形態には大きく分けて 2 種類あり，無核状態から急激に凝縮する均一核生成（homogeneous nucleation）による凝縮と，核がすでに存在してその周りに凝縮する不均一核生成（heterogeneous nucleation）による凝縮がある．前者は高い過飽和（過冷却）状態から起きる非平衡性の強い凝縮であるため，非平衡凝縮（nonequilibrium condensation）とよばれる．たとえば，蒸気タービン内では水蒸気のみによるこの非平衡凝縮が支配的である．一方，大気中の凝縮は微小浮遊粒子を核とした後者の凝縮が支配的である．ここでは，均一核生成のモデルとして，相変化の必要エネルギーと臨界核半径，および核生成率（homogeneous nucleation rate）について，その導出過程を説明する．

7.3.1　相変化の必要エネルギーと臨界核半径

液滴の均一核生成は，蒸気分子が気体状態から液体状態に相変化することで生じるが，それにはエネルギーが必要となる．これはいわば，相変化のために乗り越えなければならないエネルギーの壁のようなものである．この必要エネルギーは，ギブズの自由エネルギー（Gibbs free energy：GFE）の差として求められる．GFE

は，熱力学第 1 および第 2 法則より次式で定義される．

$$G = U + pV - Ts \tag{7.15}$$

ただし，U, p, V, T, s は，それぞれ閉じた系の内部エネルギー，圧力，体積，温度，エントロピーである．この全微分は次式のようになる．

$$dG = dU + pdV + Vdp - Tds - sdT \tag{7.16}$$

合わせて，内部エネルギーの定義式から次式が導出される．

$$dU = Tds - pdV \tag{7.17}$$

これを式 (7.16) に代入すれば，次式が得られる．

$$dG = Vdp - sdT \tag{7.18}$$

したがって，蒸気状態と液滴状態の GFE の差は次のようになる．

$$\begin{aligned}
\Delta G &= G_{\text{droplet}} - G_{\text{vapor}} \\
&= (n_{\text{total}} - n_{\text{liquid}})g_{vm} + n_{\text{liquid}}g_{lm} + 4\pi r_p^2 \sigma - n_{\text{total}}g_{vm} \\
&= n_{\text{liquid}}(g_{lm} - g_{vm}) + 4\pi r_p^2 \sigma
\end{aligned} \tag{7.19}$$

ただし，n_{total} および n_{liquid} は，全分子数および液体に相変化した分子数である，g_{vm}, g_{lm} は，それぞれ蒸気相，液相における分子 1 個あたりの GFE で，$4\pi r_p^2 \sigma$ は，表面張力 σ に起因する半径 r_p の液滴表面の GFE である．等温度場を仮定すれば，式 (7.18) から，圧力変化 dp に対する g_{vm}, g_{lm} の変化量 dg_{vm}, dg_{lm} は，

$$dg_{vm} = v_{vm}dp, \quad dg_{lm} = v_{lm}dp \tag{7.20}$$

と求められる．ただし，v_{vm} と v_{lm} は，それぞれ蒸気相と液相の分子 1 個あたりの体積である．$v_{vm} \gg v_{lm}$ とすれば，次式のように近似できる．

$$d(g_{lm} - g_{vm}) = (v_{lm} - v_{vm})dp \simeq -v_{vm}dp \tag{7.21}$$

蒸気が理想気体であると仮定し，ボルツマン定数を k_B として $pv_{vm} = k_B T$ を用いれば，次式が導出される．

$$d(g_{lm} - g_{vm}) = -k_B T \frac{dp}{p} \tag{7.22}$$

上式を，蒸気状態での圧力 p_s（平坦な液面における蒸気圧に等しい）から液滴状態での圧力 p_p まで積分することで，分子 1 個あたりの蒸気状態と液滴状態の GFE の差が，

$$g_{lm} - g_{vm} = -k_B T \int_{p_s}^{p_p} \frac{dp}{p} = -k_B T \ln\left(\frac{p_p}{p_s}\right) \tag{7.23}$$

と求められる．これを式 (7.20) に代入すると，次式が得られる．

$$\Delta G = -n_{\text{liquid}} k_B T \ln\left(\frac{p_p}{p_s}\right) + 4\pi r_p^2 \sigma \tag{7.24}$$

さらに，過飽和度を $S = p_p/p_s$ と定義し，液滴を半径 r_p の球と仮定して $v_{lm} n_{\text{liquid}} = 4\pi r_p^3/3$ の関係式を用いれば，次のようになる．

$$\Delta G = -\frac{4}{3}\pi r_p^3 \frac{k_B T}{v_{lm}} \ln S + 4\pi r_p^2 \sigma \tag{7.25}$$

これが，液滴半径 r_p の核生成に必要な相変化のエネルギーである．式 (7.25) の右辺は，$S < 1$ のとき第 1，第 2 項とも正であり，液滴半径 r_p に対し ΔG は単調増加する．$S > 1$ のとき第 1 項は負，第 2 項は正であり，ΔG は極値をとり得る．式 (7.25) を液滴半径の関数として図示すると，図 7.1 のようになる．

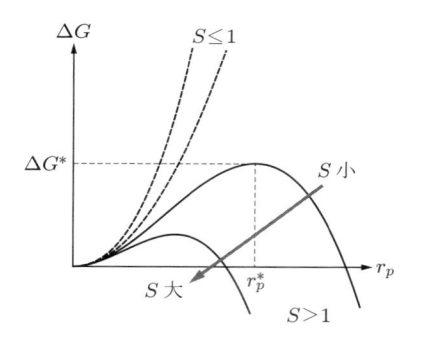

図 7.1　液滴の GFE と臨界核半径

$S \leq 1$ のとき，ΔG は極値をもたないため，液滴はつねに不安定状態にあり，$\Delta G = 0$ となる $r_p = 0$ の状態に向かう．したがって，もしエネルギーの壁を乗り越えて核生成が生じても，液滴は成長せず蒸発し，凝縮は起こらない．

$S > 1$ のとき，GFE は液滴半径 r_p^* で極大値をとり，このとき液滴は準安定（metastable）な平衡状態にある．この r_p^* を臨界核半径（critical radius）とよぶ．液滴半径がこれより大きくなると液滴は成長し，小さくなると蒸発する．これが古

典凝縮論（classical nucleation theory）の基礎となっている．臨界核半径 r_p^* は，式 (7.25) を r_p で偏微分した式

$$\frac{\partial \Delta G}{\partial r_p} = -4\pi r_p^2 \frac{k_B T}{v_{lm}} \ln S + 8\pi r_p \sigma \qquad (7.26)$$

を 0 とおき，

$$r_p^* = \frac{2\sigma v_{lm}}{k_B T \ln S} \qquad (7.27)$$

と求められる[†]．また，このときの GFE の極大値 ΔG^* は次のようになる．

$$\Delta G^* = \frac{4}{3}\pi (r_p^*)^2 \sigma \qquad (7.28)$$

式 (7.27)，(7.28) より，過飽和度 S が大きいほど臨界核半径 r_p^* は小さく，また ΔG^* も小さい．これは，小さな核生成でも液滴が成長しやすく，相変化に必要なエネルギーも小さいことを意味する．すなわち，無核状態からの凝縮が起こりやすいことになる．$S > 1$ の状態は，図 7.2 に示すように，水蒸気の圧力と温度が飽和蒸気圧曲線を超えて低下し，本来は液体になる領域でも気体状態を保つ過冷却状態となることで生じる．過冷却が進んで過飽和度が大きくなるにつれ，臨界核半径が小さくなって液滴の成長が始まり，急激な凝縮が生じる．同時に潜熱も放出されて，温度が上昇する．このような非平衡凝縮が発生する転移点がウィルソン点である．

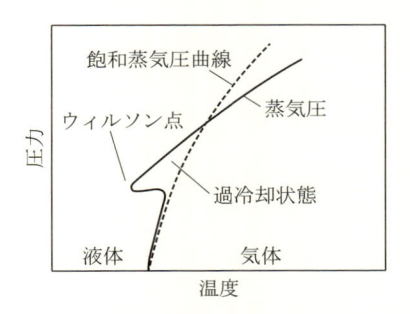

図 7.2 過冷却状態とウィルソン点

[†] なお，式 (7.27) から半径 r_p の液滴の圧力 p_p を求めると，次式のようになる．

$$p_p = p_s \exp\left(\frac{2\sigma v_{lm}}{k_B T r_p}\right)$$

これは，平坦な液面の飽和蒸気圧 p_s から，曲率をもつ液面での蒸気圧 p_p を求めるケルビンの式として知られている．

7.3.2 核生成率

核生成率 I を導出する過程は，力学的な手法や統計的な手法がいくつか報告されている．Volmer[8]は，過飽和状態における均一核生成率がボルツマン分布に準じるとして，次式のように定義した．

$$I = C \exp\left(-\frac{\Delta G^*}{k_B T}\right) \tag{7.29}$$

さらに，核生成率 I は臨界核半径 r_p^* の平衡状態になり得る液滴分子数 n_{eq} とその液滴分子に衝突する分子の衝突頻度 C^* の積に比例すると仮定すれば，次式が得られる．

$$I = C^* n_{eq} \tag{7.30}$$

ただし，式 (7.29) より

$$n_{eq} = n_{total} \exp\left(-\frac{\Delta G^*}{k_B T}\right) \tag{7.31}$$

とする．ここで，n_{total} は相変化し得る蒸気の全分子数である．また，

$$C^* = \alpha_c u_m \pi (r_p^*)^2 n_{total} = \alpha_c \sqrt{\frac{8 k_B T}{\pi m}} \pi (r_p^*)^2 n_{total} \tag{7.32}$$

である．ここで，u_m は分子平均速度（mean molecular speed）で，m は分子 1 個の質量である．したがって，核生成率は次式のように導出される．

$$I = \alpha_c \sqrt{\frac{8 k_B T}{\pi m}} \pi (r_p^*)^2 n_{total}^2 \exp\left(-\frac{\Delta G^*}{k_B T}\right) \tag{7.33}$$

たとえば，Helfgen ら[9]は

$$I = z \alpha_c \sqrt{\frac{8 k_B T}{\pi m}} \pi (r_p^*)^2 n_{total}^2 \exp\left(-\frac{\Delta G^*}{k_B T}\right) \tag{7.34}$$

を，Hill[6]や Kotake[10]らは，

$$I = z \alpha_c \frac{p_v}{\sqrt{2 \pi m k_B T}} 4 \pi (r_p^*)^2 \frac{p_v}{k_B T} \exp\left(-\frac{\Delta G^*}{k_B T}\right) \tag{7.35}$$

を提案している．ただし，$p_v = n_{total} k_B T$ であるから，実際には両者はまったく同じ式である．z は Zeldovich 非平衡係数（Zeldovich nonequilibrium factor）とよばれ，簡単に説明すると，ΔG^* の評価に 2 次の項（臨界核半径近傍での非平衡

性）も考慮するための補正係数である．これは Frenkel[11] により，次のように導出されている．

$$z = \frac{v_{lm}}{2\pi(r_p^*)^2}\sqrt{\frac{\sigma}{k_B T}} \tag{7.36}$$

これを式 (7.34) または式 (7.35) に代入すれば，

$$I = 2\alpha_c \frac{p_v}{\sqrt{2\pi m k_B T}}\sqrt{\frac{\sigma(v_{lm})^2}{k_B T}}\, n_{\text{total}}\exp\left(-\frac{\Delta G^*}{k_B T}\right) \tag{7.37}$$

または

$$I = \alpha_c\sqrt{\frac{2\sigma}{\pi m}}\, v_{lm} n_{\text{total}}^2 \exp\left(-\frac{\Delta G^*}{k_B T}\right) \tag{7.38}$$

となり，式 (7.37) は Debenedetti[12] の提案した式に基本的に一致する．さらに，式 (7.38) に $v_{lm} = m/\rho_p$, $n_{\text{total}} = \rho_v/m$ を代入して整理すれば，Young[2] が導出した次式が得られる．

$$I = \alpha_c\sqrt{\frac{2\sigma}{\pi m^3}}\frac{\rho_v^2}{\rho_p}\exp\left(-\frac{\Delta G^*}{k_B T}\right) \tag{7.39}$$

ここで，ρ_p, ρ_v はそれぞれ凝縮液滴，蒸気の密度である．これらより，非平衡凝縮流れのみならず，エアロゾル粒子，金属ナノ粒子，高分子ナノ粒子などの核生成率算出に用いられている核生成モデルは，すべて基本的に同じであることがわかる．

式 (7.29) に基づく核生成率 I は，その全般にわたって理想気体の仮定，すなわち，$pv = k_B T$ を前提に導出されていることに注意しなければならない．Debenedetti[12], Kwauk[13], Helfgen[9], Türk[14] らは，超臨界流体急速膨張法 (rapid expansion of supercritical solutions：RESS) に基づく高分子ナノ粒子生成をモデリングしているが，この際には超臨界 CO_2 が溶媒として用いられる．溶質が溶かされた超臨界状態の溶媒がノズルを通る際に膨張して臨界点をまたぐため，臨界点近傍の特異な熱物性値を正確に評価しなければ，溶質の核生成も正確に計算できないことが報告されている．そのため，理想気体の状態方程式ではなく，超臨界流体に適用できる一般状態方程式により核生成モデルを再構成する必要性が指摘されている．超臨界流体の数値解法については次章で説明するが，たとえば，超臨界 CO_2 は，IUPAC により提案された次の状態方程式[15] を用いれば正確に計算することができる．

$$p_{\mathrm{real}} = \rho_v RT \left\{ 1 + \omega \sum_{i=0}^{9} \sum_{j=0}^{J_i} b_{ij}(\tau-1)^j(\omega-1)^i \right\} \tag{7.40}$$

上式中のパラメータ等の説明は省略するが，理想気体の状態方程式との値の差を ϕ と定義すれば，$p_{\mathrm{real}} = \rho_v RT\phi = n_{\mathrm{total}}k_B T\phi$，もしくは $p_{\mathrm{real}}v_{lm} = k_B T\phi$ となることから，臨界核半径の導出仮定に考慮すれば，次式のように ϕ で補正された新たな臨界核半径を導出することができる．

$$r_p^* = \frac{2\sigma v_{lm}}{k_B T\phi \ln S} \tag{7.41}$$

ただし，$S = p_{\mathrm{real},p}/p_{\mathrm{real},s} = p_p\phi_p/p_s\phi_s$ である．

7.4 凝集モデル

式 (7.6) 右辺の S_ℓ は，ブラウン運動に伴う凝集を支配する項である．ここでは，この項を導出する過程を説明する．

いま，体積 v_1 の単粒子を考え，この単粒子が凝集して体積 $v_i = iv_1$（i：正整数）の粒子を形成しているとする．これらの粒子が，さらにブラウン運動により衝突して凝集することで，より大きな粒子が生成される．粒子の体積の分布関数を $f(v)$ とすると，このとき $f(v)$ は離散分布関数であり，体積 v_i の粒子の数は $f(v_i)$ となる．これを f_i と表すことにする．

体積 v_i の粒子は，$j+k=i$ である体積 v_j, v_k の粒子の衝突により生成される．したがって，この衝突頻度を $K_{j,k}$ として，体積 v_i の粒子の生成率は

$$\frac{1}{2} \sum_{j=1}^{i-1} K_{j,i-j} f_j f_{i-j}$$

となる．係数 $1/2$ は，重複があるためである．$K_{j,k}f_j f_k$ と $K_{k,j}f_k f_j$ は，同じ組み合わせの衝突であるので，そのままだと生成率を2倍に見積もることになる．

一方で，体積 v_i の粒子がほかの粒子と衝突すると体積は v_{i+1} 以上となるため，体積 v_i の粒子は1個減ることになる．したがって，体積 v_i の粒子の消滅率は

$$f_i \sum_{j=1}^{\infty} K_{i,j} f_j$$

となる．以上から，体積 v_i の粒子の正味の生成率が，次のように導出される．

$$\frac{df_i}{dt} = \begin{cases} \dfrac{1}{2}\displaystyle\sum_{j=1}^{i-1} K_{j,i-j} f_j f_{i-j} - f_i \sum_{j=1}^{\infty} K_{i,j} f_j & (i \geq 2) \\[2ex] -f_i \displaystyle\sum_{j=1}^{\infty} K_{i,j} f_j & (i = 1) \end{cases} \tag{7.42}$$

式 (7.42) では離散的な体積を仮定した. 連続的に体積が変化する場合には, 生成されるモノマーの体積 v と時間 t からなる粒子の分布関数 $f(v,t)$ を用いて,

$$\frac{df}{dt} = \frac{1}{2}\int_0^v K(v, v-\tilde{v}) f(v-\tilde{v}, t) f(\tilde{v}, t) d\tilde{v} - f(v,t)\int_0^\infty K(v, \tilde{v}) f(\tilde{v}, t) d\tilde{v} \tag{7.43}$$

と書き表すことができる. これが一般的によく知られている凝集を支配する GDE[4] である. しかしこれを直接計算するのは大変であることから, ここでもモーメント法[5] が用いられる.

まず, 粒子の ℓ 次モーメントは次式で定義される.

$$n_\ell(t) = \int_0^\infty v^\ell f(v,t) dv \tag{7.44}$$

これを式 (7.43) の両辺に掛けることで次式が得られる.

$$\int_0^\infty v^\ell \frac{df(v,t)}{dt} dv = \int_0^\infty v^\ell \left\{ \frac{1}{2}\int_0^v K(v, v-\tilde{v}) f(v-\tilde{v}, t) f(\tilde{v}, t) d\tilde{v} \right.$$
$$\left. - f(v,t)\int_0^\infty K(v, \tilde{v}) f(\tilde{v}, t) d\tilde{v} \right\} dv \tag{7.45}$$

積分区間や変数の順番などを変更すれば,

$$\begin{aligned} \frac{dn_\ell(t)}{dt} &= \frac{1}{2}\left\{ \int_0^\infty\int_0^\infty (v+\tilde{v})^\ell K(v,\tilde{v}) f(v,t) f(\tilde{v},t) d\tilde{v} dv \right. \\ &\quad \left. - \int_0^\infty\int_0^\infty 2v^\ell K(v,\tilde{v}) f(v,t) f(\tilde{v},t) d\tilde{v} dv \right\} \\ &= \frac{1}{2}\left\{ \int_0^\infty\int_0^\infty (v+\tilde{v})^\ell K(v,\tilde{v}) f(v,t) f(\tilde{v},t) d\tilde{v} dv \right. \\ &\quad \left. - \int_0^\infty\int_0^\infty (v^\ell + \tilde{v}^\ell) K(v,\tilde{v}) f(v,t) f(\tilde{v},t) d\tilde{v} dv \right\} \\ &= \frac{1}{2}\int_0^\infty\int_0^\infty \{(v+\tilde{v})^\ell - (v^\ell + \tilde{v}^\ell)\} K(v,\tilde{v}) f(v,t) f(\tilde{v},t) d\tilde{v} dv \end{aligned} \tag{7.46}$$

となる．ここで，$\ell = 0$ のとき $(v+\tilde{v})^\ell - (v^\ell + \tilde{v}^\ell) = -1$，$\ell = 1$ のとき $(v+\tilde{v})^\ell - (v^\ell + \tilde{v}^\ell) = 0$，$\ell = 2$ のとき $(v+\tilde{v})^\ell - (v^\ell + \tilde{v}^\ell) = 2v\tilde{v}$ となることから，2 次モーメントまでが次式のように導出される．

$$\frac{dn_0(t)}{dt} = -\frac{1}{2}\int_0^\infty \int_0^\infty K(v,\tilde{v})f(v,t)f(\tilde{v},t)d\tilde{v}dv \tag{7.47}$$

$$\frac{dn_1(t)}{dt} = 0 \tag{7.48}$$

$$\frac{dn_2(t)}{dt} = \int_0^\infty \int_0^\infty v\tilde{v}K(v,\tilde{v})f(v,t)f(\tilde{v},t)d\tilde{v}dv \tag{7.49}$$

n_0, n_1, n_2 の単位は，それぞれ $[1/\mathrm{m}^3]$, $[\mathrm{m}^3/\mathrm{m}^3]$, $[\mathrm{m}^3]$ になる．これら 3 式から，凝集により粒子の数密度は減少し，1 次モーメントは変化せず，2 次モーメントは増加することがわかる．式 (7.47)〜(7.49) の右辺は，式 (7.7)〜(7.9) の右辺 S_0, S_1, S_2 に相当する．すなわち，次のようになる．

$$S_0 = -\frac{1}{2}\int_0^\infty \int_0^\infty K(v,\tilde{v})f(v,t)f(\tilde{v},t)d\tilde{v}dv \tag{7.50}$$

$$S_1 = 0 \tag{7.51}$$

$$S_2 = \int_0^\infty \int_0^\infty v\tilde{v}K(v,\tilde{v})f(v,t)f(\tilde{v},t)d\tilde{v}dv \tag{7.52}$$

　次に，式 (7.47) ならびに式 (7.49) をさらに簡略化するために，具体的な衝突頻度関数を定義する．一般的に，エアロゾルなどの粒子が十分な粒子間距離で自由運動している場合，衝突頻度関数は次式で与えられる．

$$K(v,\bar{v}) = B\left(\frac{1}{v}+\frac{1}{\tilde{v}}\right)^{1/2}(v^{1/3}+\tilde{v}^{1/3})^2 \tag{7.53}$$

ただし，B は凝集係数（coagulation coefficient）で，

$$B = \left(\frac{3}{4\pi}\right)^{1/6}\left(\frac{6k_BT}{\rho_p}\right)^{1/2} \tag{7.54}$$

である．T, ρ_p は，粒子の温度と密度である．

　式 (7.53) の $(1/v + 1/\tilde{v})^{1/2}$ は簡単には展開できない．Pratsinis[5] は，

$$\left(\frac{1}{v}+\frac{1}{\tilde{v}}\right)^{1/2} = b_0\left(\frac{1}{v^{1/2}}+\frac{1}{\tilde{v}^{1/2}}\right) \tag{7.55}$$

と近似した．たとえば，これを式 (7.50) に代入すれば，

$$S_0 = -\frac{1}{2} \int_0^\infty \int_0^\infty B b_0 \left(\frac{1}{v^{1/2}} + \frac{1}{\tilde{v}^{1/2}} \right) (v^{1/3} + \tilde{v}^{1/3})^2 f(v,t) f(\tilde{v},t) d\tilde{v} dv \quad (7.56)$$

となる．ここで，

$$
\begin{aligned}
&\left(\frac{1}{v^{1/2}} + \frac{1}{\tilde{v}^{1/2}} \right)(v^{1/3} + \tilde{v}^{1/3})^2 \\
&= (v^{-1/2} + \tilde{v}^{-1/2})(v^{2/3} + 2v^{1/3}\tilde{v}^{1/3} + \tilde{v}^{2/3}) \\
&= v^{-1/2}v^{2/3} + 2v^{-1/2}v^{1/3}\tilde{v}^{1/3} + v^{-1/2}\tilde{v}^{2/3} + \tilde{v}^{-1/2}v^{2/3} + 2\tilde{v}^{-1/2}v^{1/3}\tilde{v}^{1/3} \\
&\quad + \tilde{v}^{-1/2}\tilde{v}^{2/3} \\
&= v^{1/6} + 2v^{-1/6}\tilde{v}^{1/3} + v^{-1/2}\tilde{v}^{2/3} + v^{2/3}\tilde{v}^{-1/2} + 2v^{1/3}\tilde{v}^{1/6} + \tilde{v}^{1/6} \quad (7.57)
\end{aligned}
$$

と変形される．これを便宜上，次のようにおく．

$$
\begin{aligned}
&\left(\frac{1}{v^{1/2}} + \frac{1}{\tilde{v}^{1/2}} \right)(v^{1/3} + \tilde{v}^{1/3})^2 \\
&= v^{1/6}\tilde{v}^0 + 2v^{-1/6}\tilde{v}^{1/3} + v^{-1/2}\tilde{v}^{2/3} + v^{2/3}\tilde{v}^{-1/2} + 2v^{1/3}\tilde{v}^{1/6} + \tilde{v}^0\tilde{v}^{1/6} \quad (7.58)
\end{aligned}
$$

ℓ 次モーメントを分数にまで拡張して当てはめれば，

$$
\begin{aligned}
S_0 &= -\frac{1}{2} B b_0 \big(n_{1/6}n_0 + 2n_{-1/6}n_{1/3} + n_{-1/2}n_{2/3} + n_{2/3}n_{-1/2} + 2n_{1/3}n_{-1/6} \\
&\quad + n_{1/6}n_0 \big) \\
&= -B b_0 \big(n_{1/6}n_0 + 2n_{-1/6}n_{1/3} + n_{-1/2}n_{2/3} \big) \quad (7.59)
\end{aligned}
$$

となり，同様に，式 (7.52) も導出すれば，

$$S_2 = 2 B b_2 \big(n_{5/3}n_{1/2} + 2n_{4/3}n_{5/6} + n_{7/6}n_1 \big) \quad (7.60)$$

となる．ところで，粒子分布は次式の対数正規分布で仮定される．

$$f(v,t) = \frac{1}{3\sqrt{2}\pi \ln \sigma} \exp\left\{ -\frac{\ln^2(v/v_g)}{18\ln^2 \sigma} \right\} \frac{1}{v} \quad (7.61)$$

ただし，v_g は次式で定義される空間体積で重みづけされた粒子体積である．

$$v_g = \frac{n_1^2}{n_0^{3/2} n_2^{1/2}} \quad (7.62)$$

また σ は，ここでは標準偏差（表面張力ではない）であり，次式で定義される．

$$\ln^2 \sigma = \frac{1}{9} \ln \left(\frac{n_0 n_2}{n_1^2} \right) \quad (7.63)$$

式 (7.59), (7.60) における右辺の b_0, b_2 ならびに n_ℓ は，近似式が

$$b_0 = 0.633 + 0.092\sigma^2 - 0.022\sigma^3 \tag{7.64}$$

$$b_2 = 0.39 + 0.5\sigma - 0.214\sigma^2 + 0.029\sigma^3 \tag{7.65}$$

$$n_\ell = n_0 v_g^\ell \exp\left(\frac{9}{2}\ell^2 \ln^2 \sigma\right) \tag{7.66}$$

と求められている．以上で，複合分散系を仮定した凝集モデルが導出された．なお，式 (7.53), (7.54) は，粒子が十分な粒子間距離で自由運動している場合（free molecule），もしくは溶質が希薄な状態（dilute mixture）を仮定しており，クヌーセン数が 1 程度以上の場合や，溶媒に対して溶質の質量分率が 10% より少ない場合などに使える．しかし，それ以外の連続体を仮定しなければならない状態では必ずしも使えない．

　局所的に粒子径が同じである単一分散系を仮定すれば，凝集モデルもかなり簡単になる．すなわち，局所的に同じ体積の粒子が衝突して体積が 2 倍になる凝集のみを考慮すると近似すれば，$v = \tilde{v} = \bar{v}$ であるから，結局

$$\frac{df}{dt} = -f(\bar{v}, t)K(\bar{v}, \bar{v})f(\bar{v}, t) = -K(\bar{v}, \bar{v})f(\bar{v}, t)^2 \tag{7.67}$$

となる．ただし，

$$K(\bar{v}, \bar{v}) = B\left(\frac{1}{\bar{v}} + \frac{1}{\bar{v}}\right)^{1/2}(\bar{v}^{1/3} + \bar{v}^{1/3})^2 = B \times 4\sqrt{2}\bar{v}^{1/6}$$

である．したがって，次のようになる．

$$\frac{df}{dt} = -4\sqrt{2}B\bar{v}^{1/6}f(\bar{v}, t)^2 \tag{7.68}$$

ところで，$\int_0^\infty f(\bar{v}, t)dv = n_0$ である．平均体積 $\bar{v}$ を仮定して $f(\bar{v}, t) \simeq n_0/\bar{v}$ とすれば，$\int_0^\infty f(\bar{v}, t)^2 dv$ の積分は近似的に $n_0^2/\bar{v}$ とおける．これより，式 (7.68) は

$$\frac{dn_0}{dt} = -4\sqrt{2}B\bar{v}^{1/6}\int_0^\infty f(\bar{v}, t)^2 dv \simeq -4\sqrt{2}B\bar{v}^{-5/6}n_0^2 \tag{7.69}$$

と近似される．上式の右辺は，式 (7.10) の右辺 S_0 に相当することから，

$$S_0 \simeq -4\sqrt{2}B\bar{v}^{-5/6}(\rho n)^2 \tag{7.70}$$

となる．これは，粒子の数密度 n が，凝集によりその 2 乗に比例して減少すること

を意味している．ただし，これは上述のように単一分散系を仮定した場合である．

7.5 成長モデル

式 (7.8), (7.9) や式 (7.13) における $d\bar{v}/dt$ もしくは $d\bar{r}/dt$ を模擬する数理モデルは，成長モデルとよばれる．いま，平均半径 $\bar{r}$ の凝縮液滴を出入りする単位時間あたり平均分子数は，次のように導出される．

$$\alpha_c \sqrt{\frac{8k_B T}{\pi m}} \pi \bar{r}^2 n = \alpha_c 4\pi \bar{r}^2 \frac{p}{\sqrt{2\pi m k_B T}} \tag{7.71}$$

ここでは，液滴が周りの蒸気分子の衝突（離脱）により成長（蒸発）し，かつ液滴の大きさが分子の自由行程（mean-free path）よりも十分小さいと仮定した Hertz–Knudsen 則に従うとする．粒子の平均体積 $\bar{v} = v_{lm} n$ より，$d\bar{v}/dt$ は

$$\frac{d\bar{v}}{dt} = v_{lm} \frac{dn}{dt} = \alpha_c v_{lm} 4\pi \bar{r}^2 \left(\frac{p_v}{\sqrt{2\pi m k_B T}} - \frac{p_s}{\sqrt{2\pi m k_B T_p}} \right) \tag{7.72}$$

と近似できる．ただし，T_p は液滴の温度である．$T = T_p$ を仮定すれば，上式は次式のようにさらに簡略化できる．

$$\frac{d\bar{v}}{dt} = \alpha_c v_{lm} 4\pi \bar{r}^2 \frac{p_s}{\sqrt{2\pi m k_B T}} (S - 1) \tag{7.73}$$

ただし，$S = p_v/p_s$ である．さらに，$\bar{v} = 4\pi \bar{r}^3/3$, $4\pi \bar{r}^2 = (36\pi)^{1/3} \bar{v}^{2/3}$, $p_s = n_{\text{total}} k_B T$ より，

$$\frac{d\bar{v}}{dt} = \alpha_c v_{lm} (36\pi)^{1/3} \bar{v}^{2/3} n_{\text{total}} \sqrt{\frac{k_B T}{2\pi m}} (S - 1) \tag{7.74}$$

となる．これは Pratsinis[5] の $d\bar{v}/dt$ に一致する．また，$d\bar{v}/dt = 4\pi \bar{r}^2 d\bar{r}/dt$ から，式 (7.72) は次式のようにも書き表せる．

$$\frac{d\bar{r}}{dt} = \alpha_c v_{lm} \left(\frac{p_v}{\sqrt{2\pi m k_B T}} - \frac{p_s}{\sqrt{2\pi m k_B T_p}} \right) \tag{7.75}$$

$k_B = mR$ を代入して上式を整理すれば，次のようになる．

$$\frac{d\bar{r}}{dt} = \alpha_c \frac{v_{lm}}{m} \left(\frac{p_v}{\sqrt{2\pi RT}} - \frac{p_s}{\sqrt{2\pi RT_p}} \right) = \frac{\alpha_c}{\rho_p} \left(\frac{p_v}{\sqrt{2\pi RT}} - \frac{p_s}{\sqrt{2\pi RT_p}} \right) \tag{7.76}$$

これは Young ら[2] の成長モデルと完全に一致する．なお，凝集モデルと同様に，連続体を仮定しなければならない状態の場合は，式 (7.74) は必ずしも使えない．

湿り蒸気流れでは，Hertz–Knudsen 則に基づく式 (7.76) では妥当な解が得られないことが知られており，次式のような Gyarmathy の成長モデル[16] が提案されている．

$$\frac{d\bar{r}}{dt} = \frac{\lambda}{\rho_p h_{0m}}\left(1 - \frac{r_p^*}{r_p}\right)(T_s - T) \tag{7.77}$$

ここで，h_{0m}, T_s はそれぞれ，混合気体の生成エンタルピー，飽和蒸気温度である．また，λ は熱伝導率 κ の補正項で，Young により提案された次の補正式[2] が一般的に用いられる．

$$\lambda = \frac{\kappa}{r_p\left\{\dfrac{1}{1 + 2\beta_L Kn} + 3.78(1 - \nu)\dfrac{Kn}{Pr}\right\}} \tag{7.78}$$

ここで，Kn, Pr はそれぞれ，クヌーセン数，層流プラントル数である．また，β_L はラングミュア常数で，通常は 2.0 とする．ν は次式で与えられる．

$$\nu = \frac{R_m T_s}{h_{0m}}\left\{\alpha - 0.5 - \frac{2 - \alpha_c}{2\alpha_c}\left(\frac{\gamma + 1}{2\gamma}\right)\frac{C_{pm}T_s}{h_{0m}}\right\} \tag{7.79}$$

ここで，R_m, C_{pm}, γ はそれぞれ，混合気体のガス定数，混合気体の定圧比熱，蒸気の比熱比である．α は経験定数であり，通常は 7.0 とする．ほかにも，Kantrowitz 補正[17]，Wegener ら[18, 19] や Abraham[20] の核生成ならびに成長モデルに関する書籍も知られている．

7.6 付着モデル

液滴粒子の付着モデルは，もともとエアロゾル粒子の沈着現象に基づいている．これについては島田らの解説[21, 22] がわかりやすい．それによれば，気体中のエアロゾル粒子が固体表面まで輸送される過程には，気体の流動のみならず，粒子のブラウン運動，重力，静電気力，van der Waals 力などの外力が深く関与している．

まず，質量 m，半径 r の球形粒子の運動方程式は次式で定義される．

$$m\frac{dv}{dt} = -\frac{v - u}{B} + F_{\text{external}} \tag{7.80}$$

ここで，v と u はそれぞれ，粒子と気体の速度である．B は粒子の移動度で，μm

程度より小さい粒子では $B = C_c/6\pi\mu r$ で与えられる．C_c はカニンガムの補正係数 (Cunningham correction)，μ は気体の分子粘性係数である．また，F_{external} は粒子にはたらく外力の総和である．気体の速度は INS や CNS などの流体の方程式により求める．外力 F_{external} を構成する具体的なモデルについては，Guha[23] が詳しい．式 (7.80) はラグランジュ的手法により計算される．

一方，粒子濃度の流束ベクトル F は次式で定義される．

$$F = vn - D_p\nabla n + BF_{\text{external}} \tag{7.81}$$

ここで，n は粒子の数密度，D_p は粒子の拡散係数である．したがって，粒子数密度の保存式は，

$$\frac{\partial n}{\partial t} + \nabla \cdot F = 0 \tag{7.82}$$

となる．ただし，

$$\frac{\partial n}{\partial t} + \frac{\partial}{\partial x_j}\left(nv_j - D_p\frac{\partial n}{\partial x_j} + Bf_{\text{external},j}\right) = 0$$

もしくは

$$\frac{\partial n}{\partial t} + \frac{\partial}{\partial x_j}(nv_j) = \frac{\partial}{\partial x_j}\left(D_p\frac{\partial n}{\partial x_j}\right) - \frac{\partial}{\partial x_j}(Bf_{\text{external},j})$$

である．ここで，v_j は粒子の x_j 方向速度で，$f_{\text{external},j}$ は F_{external} の x_j 方向成分である．液滴の径が大きくなり気体との間ですべりが生じる場合には，液滴の支配方程式を別途に解かなければならない．粒子の拡散係数 D_p は，ブラウン運動に伴う拡散と乱流に伴う拡散の和，$D_p = D_B + D_t$ として定義される．このうち D_t は，粒子が十分小さい場合には渦粘性と等価であると仮定して与えられる．一方，D_B は次式で定義される．

$$D_B = \left(\frac{k_B T}{6\pi\mu r}\right)C_c \tag{7.83}$$

カニンガム補正係数 C_c は，クヌーセン数が十分大きい（粒子濃度が希薄）場合には $C_c = 1 + 2.7Kn$ で与えられる．外力 F_{external} には重力や静電力などが該当する．

いま，x_1 方向に水平な 2 次元直管内発達乱流について考える．x_2 方向流束の管壁（近傍）における外力

$$(f_2)_{\text{wall}} = \left(nv_2 - D_p\frac{\partial n}{\partial x_2}\right)_{\text{wall}} \tag{7.84}$$

が壁面に付着する粒子の流束として求められる．これは，垂直方向から壁面に衝突する粒子のすべて，もしくはその一部が壁に付着するという仮定に基づいている．粒子の付着速度 V_+ は，式 (7.84) を粒子の平均数密度 n_{mean} ならびに摩擦速度 u_* で無次元化して，次のように定義される．

$$V_+ = \frac{(f_2)_{\mathrm{wall}}}{n_{\mathrm{mean}}u_*} \tag{7.85}$$

ただし，$u_* = \sqrt{\tau_{\mathrm{wall}}/\rho}$ であり，τ_{wall} ならびに ρ は気体の壁面せん断応力と密度である．一方，気体と粒子間のすべり速度が平衡状態になるまでの粒子緩和時間 (particle relaxation time) τ は次式で定義される．

$$\tau = \frac{2\rho_p r^2}{9\mu}C_c \tag{7.86}$$

ここで，r は粒子の半径，ρ_p は粒子の密度である．さらに，無次元化された粒子緩和時間 τ_+ は次のようになる．

$$\tau_+ = \frac{\rho\tau u_*}{\mu} \tag{7.87}$$

　円管内発達乱流中における付着の実験的研究により，粒子の付着速度 V_+ と粒子緩和時間 τ_+ との関係を調べた結果，粒子の付着は異なる三つの付着現象に支配されていることが明らかになっている[24, 25]．まず，τ_+ が十分小さい（約 1 以下）の領域（turbulent particle diffusion regime）では，粒子の付着には乱流渦の運動が支配的であり，V_+ は十分小さな値になる．次に，τ_+ が約 1 から 10 の領域（eddy diffusion-impaction regime）では，壁面近傍で粒子の慣性運動により気体流動から逸脱し始め，V_+ は τ_+ の 2 乗に比例して急激に増加する．τ_+ は粒子半径の 2 乗に比例するため，V_+ は粒子半径の 4 乗に比例することになる．この領域の付着現象を解明する理論研究は数多く報告されている．$V_+ = c\tau_+^2$（c は経験定数）として，Liu と Agarwal[24]は $c = 6.0 \times 10^{-4}$，Papavergos と Hedley[25]は $c = 3.5 \times 10^{-4}$ という値を実験より算出している．τ_+ が 10 以上になる領域（particle inertia moderated regime）では，粒子の慣性力が乱流拡散を卓越して，V_+ は一定値に近づく．結局のところ，既存の研究ではこれら三つの領域における付着現象を再現するために V_+ が数理モデル化されてきた．しかしながら，いまだに円管などの単純な形状における付着モデルしか提案されていない[26〜29]．なお，既存の付着モデルはすべて単一分散系の仮定に基づいている．

7.7 非平衡凝縮を伴う流れの数理モデル

蒸気タービンの低圧最終段では，温度と圧力の降下に伴って作動流体である水蒸気が液滴に相変化（凝縮）する．湿り度が 1% 増加するとタービン損失も 1% 増加するという Baumann が提唱した近似理論が，100 年以上前から今日まで設計の経験則として使われており，液滴の発生は概して蒸気タービンの性能を低下させる．火力発電用蒸気タービンにおける凝縮は，過冷却状態から均一核生成（無核状態から核が生成）による凝縮が開始する，いわゆる非平衡凝縮により支配される．爆発的に開始する凝縮に伴い，潜熱が放出されて局所的に温度が上昇する．結果的に圧力が急上昇して，凝縮衝撃波とよばれる擬似的な衝撃波が発生することもある．一方，大気環境中を航行する航空機周りには大気中のエアロゾルが核となって凝縮し，いわゆる飛行機雲が発生することが知られている．さらに，発電用ガスタービンや航空機エンジンの遷音速圧縮機内部でも，液滴の凝縮・蒸発が発生していることが，最近の筆者らの研究から示唆されている．

ここでは，非平衡凝縮を伴う 3 次元のターボ機械流れを想定して，湿り蒸気ならびに湿り空気流れを計算するための数値解法について説明する．

7.7.1 基礎方程式

デカルト座標系の 3 次元 CNS は，ベクトル・テンソル形で

$$\frac{\partial Q}{\partial t} + \frac{\partial f_i}{\partial x_i} + \frac{\partial f_{vi}}{\partial x_i} = 0 \tag{7.88}$$

と定義される．ただし，

$$Q = \begin{bmatrix} \rho \\ \rho u_1 \\ \rho u_2 \\ \rho u_3 \\ e \end{bmatrix}, \quad f_i = \begin{bmatrix} \rho u_i \\ \rho u_1 u_i + \delta_{1i} p \\ \rho u_2 u_i + \delta_{2i} p \\ \rho u_3 u_i + \delta_{3i} p \\ (e+p) u_i \end{bmatrix}, \quad f_{vi} = - \begin{bmatrix} 0 \\ \tau_{1i} \\ \tau_{2i} \\ \tau_{3i} \\ \tau_{ki} u_k + \kappa \partial T / \partial x_i \end{bmatrix}$$

である．詳細については，第 5 章で説明した．これに合わせて，液滴数密度の保存式 (7.10) と液滴質量分率の保存式 (7.13) が連立されて解かれる[30]．これらの式を改めて次に示す．ただし，ここでは凝集は考えない．

$$\frac{\partial \rho n}{\partial t} + \frac{\partial}{\partial x_i} (\rho n u_i) = I$$

$$\frac{\partial \rho\beta}{\partial t} + \frac{\partial}{\partial x_i}(\rho\beta u_i) = \rho_p \left\{ \frac{4}{3}\pi(r^*)^3 I + 4\pi r^2 \frac{\partial \bar{r}}{\partial t}\rho n \right\}$$

　液滴の径が十分小さく（$r < 1\,\mu\mathrm{m}$ 程度），かつ液滴の質量分率 β が場の流体に対して 10% 以下程度（$\beta < 0.1$）であれば，空気もしくは水蒸気と液滴が均一に混ざった均質流体（homogeneous fluid）を仮定して計算できる．一方，3 次元ターボ機械流れにおいては，動翼回転に伴う遠心力・コリオリ力を考慮する必要がある．これらの仮定から導出された 3 次元数理モデルは，湿り蒸気のみならず湿り空気も考慮して，SST（Shear Stress Transport）乱流モデル[31]とともに，一般曲線座標系で次式のようにまとめられる．

$$\frac{\partial Q}{\partial t} + \frac{\partial F_i}{\partial \xi_i} + S + H = 0 \tag{7.89}$$

ただし，

$$Q = J\begin{bmatrix} \rho \\ \rho w_1 \\ \rho w_2 \\ \rho w_3 \\ e \\ \rho_v \\ \rho\beta \\ \rho n \\ \rho k \\ \rho\omega \end{bmatrix}, \quad F_i = J\begin{bmatrix} \rho W_i \\ \rho w_1 W_i + \partial \xi_i/\partial x_1 p \\ \rho w_2 W_i + \partial \xi_i/\partial x_2 p \\ \rho w_3 W_i + \partial \xi_i/\partial x_3 p \\ (e+p)W_i \\ \rho_v W_i \\ \rho\beta W_i \\ \rho n W_i \\ \rho k W_i \\ \rho\omega W_i \end{bmatrix},$$

$$S = -J\frac{\partial \xi_i}{\partial x_j}\frac{\partial}{\partial \xi_i}\begin{bmatrix} 0 \\ \tau_{1j} \\ \tau_{2j} \\ \tau_{3j} \\ \tau_{kj}w_k + \kappa\partial T/\partial x_j \\ 0 \\ 0 \\ 0 \\ \sigma_{kj} \\ \sigma_{\omega j} \end{bmatrix}, \quad H = -J\begin{bmatrix} 0 \\ 0 \\ \rho(\Omega^2 x_2 + 2\Omega w_3) \\ \rho(\Omega^2 x_3 - 2\Omega w_2) \\ 0 \\ -\Gamma_c \\ \Gamma_c \\ I \\ S_k \\ S_\omega \end{bmatrix}$$

である．ここで，$\rho,\ w_i,\ e,\ \rho_v,\ W_i,\ k,\ \omega$ はそれぞれ，全流体の密度，相対流れの x_i 方向物理速度成分，単位体積あたりの全内部エネルギー，水蒸気の密度，相対流れの ξ_i 方向反変速度成分，乱流運動エネルギー，乱流運動エネルギーの散逸率である．また，$J,\ p,\ T,\ \kappa,\ \Omega,\ \tau_{ij}$ はそれぞれ，変換のヤコビアン，静圧，静温，熱伝導

係数, 回転角速度, 粘性応力テンソルである. 式 (7.89) は, 全流体の質量保存式, 運動量保存式, エネルギー保存式, 乱流エネルギー保存式, 乱流エネルギー比散逸率の保存式と, 水蒸気の質量保存式, 凝縮液滴の質量保存式, 液滴の数密度保存式からなり, Q は未知変数ベクトル, F_i は流束ベクトル, S は粘性・拡散項のベクトル, H は生成項のベクトルである. 相対速度ベクトル $\mathbf{w} = (w_1 \quad w_2 \quad w_3)$ と絶対速度ベクトル $\mathbf{u} = (u_1 \quad u_2 \quad u_3)$ の間には, $\mathbf{u} = \mathbf{w} + \mathbf{\Omega} \times \mathbf{r}$ の関係が成り立つ. 相対速度系への変換により, 生成項のベクトル H には遠心力とコリオリ力が付加される. また, 凝縮による液滴の質量生成率 Γ_c は式 (7.13) の生成項であり, 改めて示せば次式で定義される.

$$\Gamma_c = \rho_p \left\{ \frac{4}{3} \pi (r^*)^3 I + 4\pi r^2 \frac{\partial \bar{r}}{\partial t} \rho n \right\} \tag{7.90}$$

乱流エネルギー保存式ならびに乱流エネルギー比散逸率の保存式の σ_{kj}, $\sigma_{\omega j}$ は SST モデルの拡散項で, S_k, S_ω はそれらの生成項であるが, 本書では説明を省略する. 詳細は文献[31]を参照されたい.

7.7.2 状態方程式の定式化

圧縮性流れの数値解法では, 常温・常圧の場合, 流れは理想気体を仮定して, 状態方程式 $p = \rho R T$ が支配方程式と連立して解かれる. さらに, 動翼回転によるロータルピーを考慮すれば, 次式のように変形される.

$$p = \rho R T = (\gamma - 1) \left\{ e - \frac{\rho (\mathbf{w}^2 - r^2 \Omega v_u)}{2} \right\} \tag{7.91}$$

ここで, v_u は絶対速度の周方向成分である. 非平衡凝縮を伴う流れでは, 液滴が考慮できる状態方程式が必要である. 上記のように液滴の最大径が十分小さく ($r < 1\,\mu\mathrm{m}$), かつ液滴の質量分率が場の流体に対して $\beta < 0.1$ 程度であるという仮定で, 凝縮に伴う潜熱の放出も考慮して, 式 (7.91) は次式のように液滴を考慮した式に拡張される[30].

$$p = \rho R_m T (1 - \beta) = \frac{(1 - \beta) R_m}{C_{pm} - (1 - \beta) R_m} \left\{ e - \frac{\rho (\mathbf{w}^2 - r^2 \Omega v_u)}{2} - \rho h_{0m} \right\} \tag{7.92}$$

ここで, h_{0m}, R_m, C_{pm} は, 液滴の質量分率 β により気体と液体のそれぞれの値から線形結合により求められた生成エンタルピー, 気体定数, 定圧比熱である.

7.7.3　数値解法

差分法に基づき，空間差分には流束差分離法[32] と Compact MUSCL[33] を用い，粘性項は 2 次精度中心差分で近似する．これまで説明したものと基本的に同じであるが，3 次元相対流れ，凝縮モデル，ならびに乱流モデルが付加された支配方程式への応用として，改めて説明する．

いま，区分的領域 ℓ ならびに $\ell+1$ の境界面において，F_i の数値流束を $(F_i)_{\ell+1/2}$ と定義すれば，$(F_i)_{\ell+1/2}$ は境界面左の区分的領域 ℓ と，境界面右の区分的領域 $\ell+1$ から伝播してくる特性に基づく数値流束 $F_i^{\pm}$ の和として，次式のように表される．

$$(F_i)_{\ell+1/2} = (F_i^+)_{\ell+1/2} + (F_i^-)_{\ell+1/2} = (A_i^+)_{\ell+1/2}Q_{\ell+1/2}^L + (A_i^-)_{\ell+1/2}Q_{\ell+1/2}^R \tag{7.93}$$

ここで，$A_i^{\pm}$ は $F_i^{\pm}$ のヤコビ行列である．Q^L ならびに Q^R は，左右の区分的領域において高次補間された未知変数ベクトルである．$(A_i^{\pm})_{\ell+1/2}Q_{\ell+1/2}^M$ は，流束分離式として次式のように導出される．

$$(A_i^{\pm})_{\ell+1/2}Q^M = (L_i^{-1}\Lambda_i^{\pm}L_i)_{\ell+1/2}Q^M = \lambda_{i1}^{\pm}Q^M + \frac{\lambda_{ia}^{\pm}}{c\sqrt{g_{ii}}}Q_{ia} + \frac{\lambda_{ib}^{\pm}}{c^2}Q_{ib} \tag{7.94}$$

上添え字 M は，L もしくは R に置き換えられる．L_i ならびに Λ_i は，左固有ベクトルと固有値（特性速度）からなる行列である．$\lambda_{ia}^{\pm}$ と $\lambda_{ib}^{\pm}$ は次式で定義される．

$$\lambda_{ia}^{\pm} = \frac{\lambda_{i4}^{\pm} - \lambda_{i5}^{\pm}}{2}, \quad \lambda_{ib}^{\pm} = \frac{\lambda_{i4}^{\pm} + \lambda_{i5}^{\pm}}{2} - \lambda_{i1}^{\pm} \tag{7.95}$$

ここで，$\lambda_{ij}^{\pm}$ $(j = 1, 4, 5)$ は，

$$\lambda_{ij}^{\pm} = \frac{\lambda_{ij} \pm |\lambda_{ij}|}{2} \tag{7.96}$$

である．λ_{ij} $(j = 1, 4, 5)$ は固有値（特性速度）であり，

$$\lambda_{i1} = W_i \tag{7.97a}$$
$$\lambda_{i4} = W_i + c\sqrt{g_{ii}} \tag{7.97b}$$
$$\lambda_{i5} = W_i - c\sqrt{g_{ii}} \tag{7.97c}$$

である．ただし，c は音速である．Q_{ia} と Q_{ib} は導出されたサブベクトルで，

$$Q_{ia} = \bar{p}Q_{ic} + \Delta\bar{m}_iQ_d, \quad Q_{ib} = \frac{\Delta\bar{m}_ic^2}{g_{ii}}Q_{ic} + \bar{p}Q_d$$

$$\bar{p} = Q_e \cdot Q^M, \quad \Delta\bar{m}_i = Q_{im} \cdot Q^M$$

となる. また, サブベクトル Q_{ic}, Q_e, Q_{im}, Q_d は, それぞれ次のようなベクトルになる.

$$Q_{ic} = \begin{bmatrix} 0 & \partial\xi_i/\partial x_1 & \partial\xi_i/\partial x_2 & \partial\xi_i/\partial x_3 & W_i & 0 & 0 & 0 & 0 & 0 \end{bmatrix}^T$$

$$Q_e = \begin{bmatrix} \phi^2 & -\tilde{\gamma}w_1 & -\tilde{\gamma}w_2 & -\tilde{\gamma}w_3 & -\tilde{\gamma} & 0 & 0 & 0 & 0 & 0 \end{bmatrix}^T$$

$$Q_{im} = \begin{bmatrix} -W_i & \partial\xi_i/\partial x_1 & \partial\xi_i/\partial x_2 & \partial\xi_i/\partial x_3 & 0 & 0 & 0 & 0 & 0 & 0 \end{bmatrix}^T$$

$$Q_d = \begin{bmatrix} 1 & w_1 & w_2 & w_3 & (e+p)/\rho & \rho_v/\rho & \beta & n & k & \omega \end{bmatrix}^T$$

式 (7.93) を Roe スキーム[32]に基づく流束差分離式に変換すれば, 数値流束 $(F_i)_{\ell+1/2}$ は次式のようになる.

$$(F_i)_{\ell+1/2} = \frac{1}{2}\{F_i(Q^L_{\ell+1/2}) + F_i(Q^R_{\ell+1/2}) - |(A_i)_{\ell+1/2}|(Q^R_{\ell+1/2} - Q^L_{\ell+1/2})\} \tag{7.98}$$

$|(A_i)_{\ell+1/2}|Q^M_{\ell+1/2}$ $(i = 1, 2, 3, \ M = L, R)$ は Roe 平均を施して次式で計算される.

$$|(A_i^{\pm})_{\ell+1/2}|Q^M = |\bar{\lambda}_{i1}|Q^M + \frac{|\bar{\lambda}_{ia}|}{\bar{c}\sqrt{g_{ii}}}Q_{ia} + \frac{|\bar{\lambda}_{ib}|}{\bar{c}^2}Q_{ib} \tag{7.99}$$

ただし,

$$|\bar{\lambda}_{ia}| = \frac{|\bar{\lambda}_{i4}| - |\bar{\lambda}_{i5}|}{2}, \quad |\bar{\lambda}_{ib}| = \frac{|\bar{\lambda}_{i4}| + |\bar{\lambda}_{i5}|}{2} - |\bar{\lambda}_{i1}|$$

である. また,

$$\bar{Q}_{ia} = \bar{p}\bar{Q}_{ic} + \Delta\bar{m}_i\bar{Q}_d, \quad \bar{Q}_{ib} = \frac{\Delta\bar{m}_i\bar{c}^2}{g_{ii}}\bar{Q}_{ic} + \bar{p}\bar{Q}_d$$

$$\bar{p} = \bar{Q}_e \cdot \bar{Q}^M, \quad \Delta\bar{m}_i = \bar{Q}_{im} \cdot \bar{Q}^M$$

である. ここで, オーバーラインの付いた変数が Roe 平均される. Q^L, Q^R は Compact MUSCL[33]により物理変数が高次補間される.

時間積分には LU-SGS スキーム[34]を用いる. LU-SGS スキームは陰的時間進行法であり, 次の 2 段階の式で計算される.

$$D\Delta Q^* = RHS + \Delta t G^+(\Delta Q^*) \tag{7.100a}$$

$$\Delta Q^n = \Delta Q^* - D^{-1}\Delta t G^-(\Delta Q^n) \tag{7.100b}$$

ただし，

$$G^+(\Delta Q^*) = (A_1^+ \Delta Q^*)_{i-1,j,k} + (A_2^+ \Delta Q^*)_{i,j-1,k} + (A_3^+ \Delta Q^*)_{i,j,k-1}$$
$$G^-(\Delta Q^n) = (A_1^- \Delta Q^n)_{i+1,j,k} + (A_2^- \Delta Q^n)_{i,j+1,k} + (A_3^- \Delta Q^n)_{i,j,k+1}$$

であり，RHS は式 (7.88) を陽的に計算した各時間ステップの解である．Δt は時間間隔で，$Q^{n+1} = Q^n + \Delta Q^n$ として解が更新される．添字 i, j, k は 3 次元格子点番号，D は LU-SGS 特有の対角化項である．また，$A_\ell^\pm \Delta Q$ $(\ell = 1, 2, 3)$ は式 (7.94) の Q^M を ΔQ に置き換えることで計算できる．LU-SGS スキームを時間方向最大 2 次精度に拡張した陰解法もある[35]．

7.8 計算例

7.8.1 ノズルを通る湿り蒸気流れ

ケンブリッジ大学の Young 教授を筆頭とする研究グループが 2015 年に主催した，ノズルを通る湿り蒸気流れのワークショップ International Wet Steam Modeling Project（IWSMP）の中から，典型的な問題について紹介する．筆者も日本で唯一参加した．詳細についてはその研究報告書[36]に記載されている．ここでは，図 7.3 に示す Moses and Stein ノズルを筆者が計算して得られた結果[37]について，簡単に説明する．

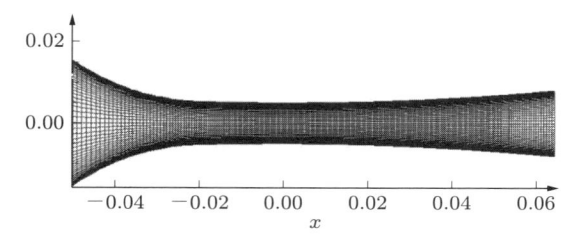

図 7.3　Moses and Stein ノズルの形状と計算格子

図 7.4(a) に，計算されたマッハ数分布を示す．収縮拡大ノズルなので，マッハ数はノズルのスロート部分で 1 になり，スロート下流では 1 以上で超音速になる．図 (b) に液滴の質量分率（湿り度）を示す．スロート後方で非平衡凝縮が開始していることが示されている．もう一度，図 (a) を見ると，非平衡凝縮が開始した位置とほぼ同じ位置で，マッハ数がいったんわずかに下がっているのが示されている．これは凝縮に伴う潜熱の放出により温度が上昇して，それに伴い圧力が上昇したこ

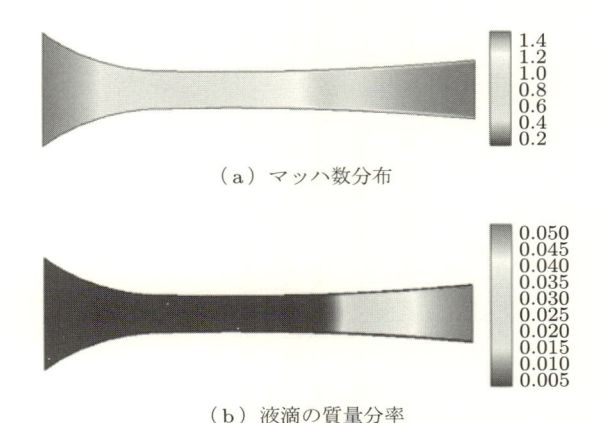

（ａ）マッハ数分布

（ｂ）液滴の質量分率

図 7.4　Moses and Stein ノズルを通る湿り蒸気流れの計算結果

とに起因している．

　図 7.5 に，ノズル中心軸に沿った核生成率と凝縮した液滴の質量分率を示す．$x = 0$ がノズルのスロートにあたる．スロートの直前辺りから，核生成率が急激に上昇していることが示されている．そして，スロート後方で最大値になり，その後は急激に減少している．一方，核生成率が最大値になる位置から凝縮は開始して，液滴の質量分率はノズル後方に向けて増加していることが示されている．

　図 7.6 に，ノズル中心軸に沿った圧力と液滴径の実験との比較を示す．圧力はノズル下流に向けて減少しているが，凝縮開始位置でいったん上昇している．これは凝縮に伴う潜熱の放出による圧力上昇に起因しており，その傾向は実験値とよく一

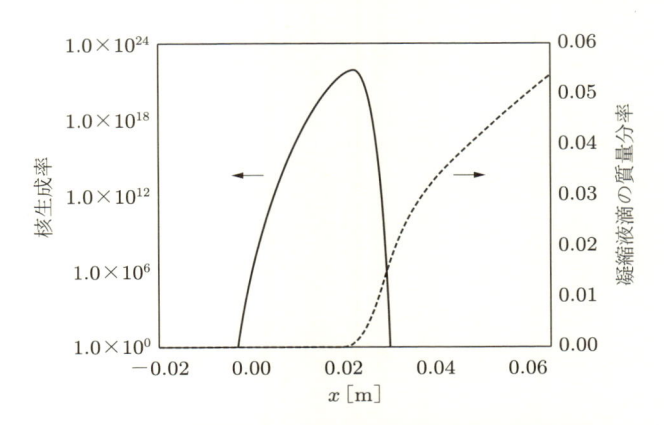

図 7.5　ノズル中心軸に沿った核生成率と凝縮液滴の質量分率

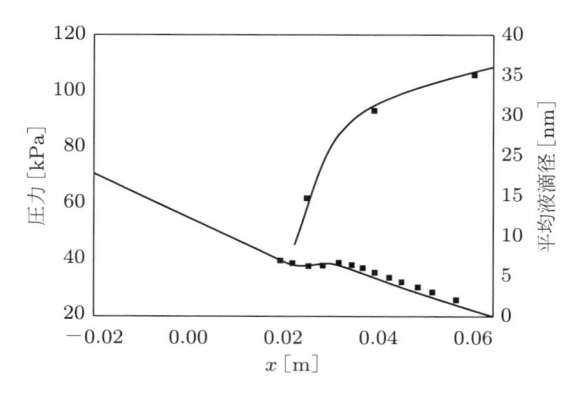

図 7.6　ノズル中心軸に沿った圧力と液滴径の実験との比較

致している．一方，液滴径は凝縮が開始した位置から上昇して，ノズル下流に向けて，$0.035 \sim 0.04\,\mu\text{m}$ 付近に漸近しており，こちらも実験値ともよく一致した結果が得られている．IWSMP では，世界中から 13 研究機関が参加して，それぞれの非平衡凝縮モデルによる計算結果が比較された．非平衡凝縮モデルは，ほぼすべてのグループが古典凝縮論に基づいた同様のモデルであったにもかかわらず，結果にはかなりのばらつきが見られた．

7.8.2　2 次元翼周りの遷音速湿り空気流れ

大気環境（不均一核生成）を仮定して，NACA0012 翼周りの遷音速湿り空気流れを計算した結果[7]について紹介する．221×93 格子点の C 型格子を計算に用いた．一様流マッハ数 0.75，翼弦長 2.0 m，迎角 2.0° とし，大気中には数密度 1.0×10^{12} 個/m^3，半径 0.1 μm の煤やエアロゾルなどの微粒子が，一様に分布していると仮定する．

図 7.7(a) に，相対湿度を 0（理想気体），50, 70, 90% を仮定して，計算により得られた NACA0012 翼表面の圧力係数分布を示す．相対湿度 0% を仮定した結果は，実験値とよく一致している．一方，相対湿度ありを仮定した結果では，翼前縁付近から圧力の上昇傾向が捉えられている．さらに，相対湿度が高いほどより顕著である．また，その影響で垂直衝撃波の発生が遅れて下流方向に移動している．これは，翼前縁付近で凝縮が開始して潜熱が放出され，その結果，温度と圧力が上昇したことに起因している．図(b)は，相対湿度 90% で計算して得られた翼周りの液滴質量分率である．翼上面の広範囲にわたり液滴が生成されており，その最大値は

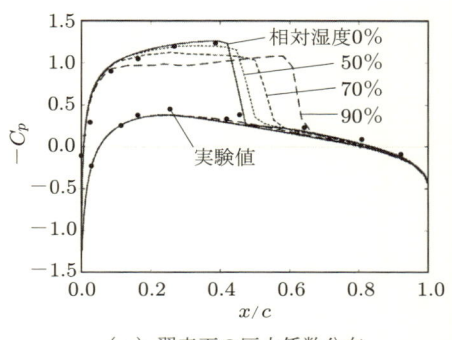
（a）翼表面の圧力係数分布

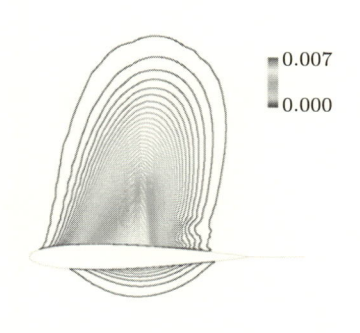
（b）液滴の質量分率（相対湿度 90%）

図 7.7　NACA0012 翼周りの湿り空気流れ

0.7% であった．

7.8.3 ターボ機械への応用

　ターボ機械の熱流動を対象とした非平衡凝縮モデルの応用として，筆者らが開発した CFD ソフトウェア「数値タービン」がある．ここでは，数値タービンで行った蒸気タービン最終段を通る湿り蒸気流れ[38]や，ガスタービン遷音速圧縮機を通る湿り空気流れ[37, 39]などの数値計算から，典型的な 2 例について紹介する．

　まず，実機低圧タービン多段静動翼列を通る非定常湿り蒸気流れの数値計算例[38]について述べる．図 7.8 に，計算対象の実機タービン低圧段の写真を示す．図(a)が静翼列後方からの写真で，図(b)が動翼段 5 段の写真である．5 段からなる低圧段のうち，最終 3 段を計算した．翼に加わる非定常的な負荷を算出するために，静・動翼列翼を複数枚同時に計算した．

　図 7.9(a)に，計算により得られた動翼表面の瞬間圧力分布を示す．圧力は翼列

（a）静翼

（b）動翼

図 7.8　実機低圧タービンの静翼（左）と動翼（右）の写真

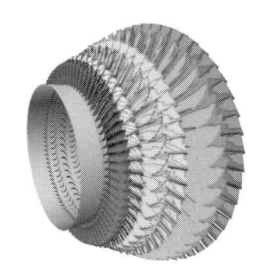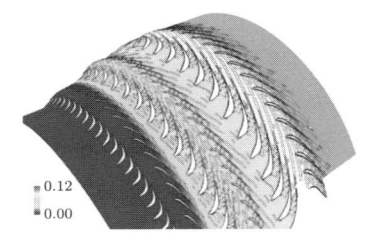

（a）翼表面瞬間圧力分布 　　（b）瞬間液滴質量分率分布（50%スパン）

図 7.9 実機低圧タービンの計算結果

初段で最も高く，下流に行くにつれて減少している．図(b)に，50% スパン（翼高さ 50% の断面）における液滴の瞬間質量分率を示す．作動流体の水蒸気は，渇き蒸気として低圧タービン初段入口に流入した後，初段動翼下流で非平衡凝縮が開始して湿り蒸気に変化している．湿り度は下流に向けてさらに増え続け，最終段後方では 10% を超えている．

　次に，発電用ガスタービン遷音速圧縮機 1.5 段を通る湿り空気流れの全周計算の例[39] について述べる．発電用ガスタービンは，夏場の性能低下を防ぐために入口で液滴を噴霧する．この液滴がガスタービンの入口直後にある圧縮機内部で，どのような挙動を示すかはいまだよくわかっていない．入口に，液滴噴霧を想定した0.5% の液滴質量分率（湿り度）を仮定して計算した．ここでは，液滴の凝縮よりも蒸発が支配的であるが，非平衡凝縮モデルでは液滴の凝縮のみならず，液滴の蒸発も当然ながら計算できる．

　図 7.10 に，入口で乾燥空気を仮定して計算されたガスタービン圧縮機 1.5 段の静動翼列翼表面における瞬間圧力分布を示す．翼表面の圧力は下流に行くにつれて

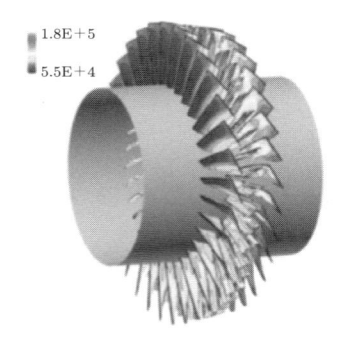

図 7.10 遷音速圧縮機 1.5 段の静動翼列表面の瞬間圧力分布

上昇している．一方，回転方向の翼ごとの圧力分布は一様であるのがわかる．

図 7.11 に，50% スパンにおける瞬間温度分布を示す．図(a)の乾燥空気の結果と比べて，入口液滴噴霧 0.5% を仮定して計算した図(b)では，1 段目動翼前縁に発生した離脱衝撃波後方で温度が低下している結果が示されている．これは，入口から流入する湿り空気が衝撃波による圧力上昇で蒸発する際に，吸熱したことにより生じた温度低下である．実際の作動環境において，大気中の水蒸気やその凝縮・蒸発を考慮する必要性を示唆している．なお，7.6 節の付着モデルで紹介した，付着速度の近似モデルを用いて付着速度も算出している（説明は省略する）．

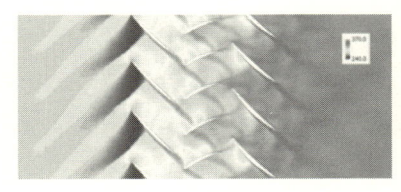 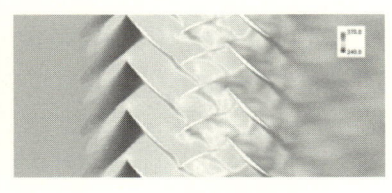

（a）乾燥空気　　　　　　　　　　（b）入口湿り度 50%

図 7.11　50% スパンにおける瞬間温度分布

8

超臨界流体の数値解法

8.1　超臨界流体とは

　物質は，気体・液体・固体の 3 相のほか，高温・高圧では超臨界流体 (supercritical fluid) とよばれる状態をとる．超臨界流体は低粘度の高密度流体であり，液体の密度と気体の粘度を併せもった状態である．例として，二酸化炭素 CO_2 の状態図を図 8.1 に示す．CO_2 は，温度と圧力がそれぞれ 304.2 K と 7.38 MPa より高くなると超臨界流体となり，これらを臨界温度 (critical temperature) と臨界圧力 (critical pressure) とよぶ．臨界温度および臨界圧力となる点は，臨界点 (critical point) とよばれる．

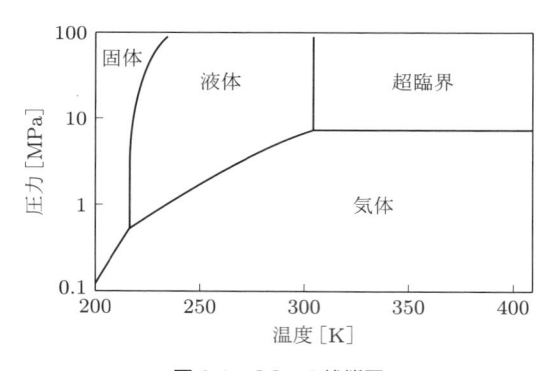

図 8.1　CO_2 の状態図

　様々な圧力下における CO_2 の密度の温度依存性を，図 8.2(a)に示す．圧力 0.1013 MPa では，図の温度範囲で CO_2 はつねに気体であり，その密度はきわめて小さい．6.0 MPa では，液体から気体への相変化に伴い，密度の不連続な変化が見られる．臨界圧力を超えると密度変化は連続的になり，高圧になるほどその変化は緩やかになる．図(b)は CO_2 の定圧比熱の温度変化である．6.0 MPa では，相変化に伴う定圧比熱の極大値が見られる．同様の極大値は超臨界圧でも見られ，このときの温度を擬似臨界温度という．擬似臨界温度付近では，密度や粘度，熱伝導度

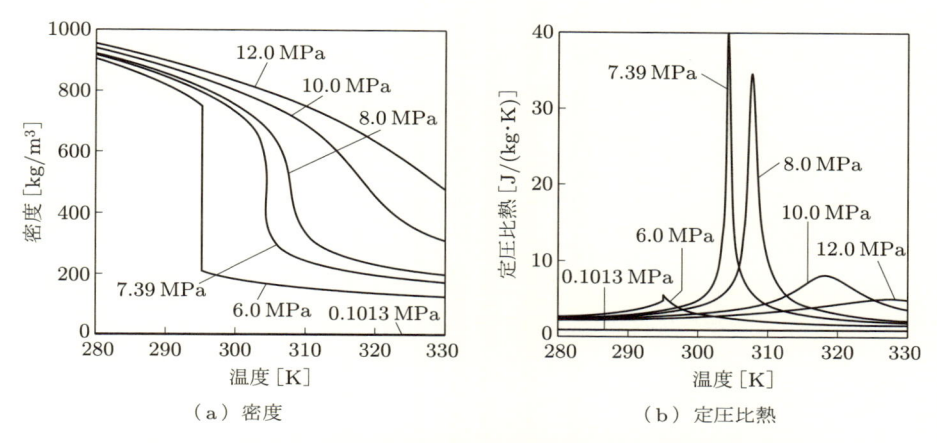

図 8.2 様々な圧力下における CO_2 の密度と定圧比熱の温度依存性

などが変化し，表面張力もきわめて小さくなる．この極大値は臨界点に近いほど大きくなり（理論的には臨界点で無限大），特性の変化も急激になる．

　このように，超臨界流体は特徴的な挙動を示し，それを活かして様々な分野で応用されている．たとえば，きわめて低粘度かつ表面張力が小さいことから，半導体製造工程での洗浄に用いられるほか，物質の溶解度も急激に高くなることから，化学工学の分野では有害物質・廃棄物の分解や，金属ナノ粒子や高分子ポリマー粒子の生成に利用する研究が盛んに行われている．機械工学の分野では，冷媒として超臨界 CO_2 がすでに熱交換器に利用されており，エコキュートがよく知られている．一方，臨界点近傍で定圧比熱が極大値をもつため，熱が伝わりにくくなる伝熱劣化が起こることが知られており，熱交換や冷却の性能が低下してしまうことが指摘されている．

　超臨界流体は基本的に高温・高圧であるため，実験による研究には限界があり，その流体化学（fluid chemistry）的性質はいまだ十分に解明されていない．一方，超臨界流体の数値解法を行うには，とくに臨界点近傍における状態方程式をはじめ，分子粘性係数や熱伝導率，およびそれらから派生する熱物性値，たとえば定圧比熱などを数理モデル化する必要がある．ここでは，様々な物質の熱物性を正確に計算可能な，超臨界流体の数理モデルと数値解法について説明する．

8.2　前処理型方程式の導出

超臨界流体の流速は一般的に遅いが，密度変化を伴うため圧縮性流れに分類される．したがって，CNS に基づく支配方程式を解く必要がある．CNS の数値解法には，圧縮性オイラー方程式の数値解法がほぼそのまま適用されている．その際に，流れ場の特性速度の符号に応じて風上化が施される．ところが，この方法をそのまま低速な流れに適用すると，音速が流速に対して卓越してしまい，解がなかなか収束せず，かつおかしな計算をしてしまう，いわゆる stiff な状態に陥る．5.14 節で説明した前処理法は，これを解決するための有効な方法である．この方法では，音速を擬似音速に置き換え，遅い流れの場合には擬似音速が流速のオーダーに減速されて，かつ方程式は INS（厳密には，擬似圧縮項を伴う連続の式と温度方程式を含む）に変換される．一方，速い流れでは擬似音速はそのまま音速となり，通常のCNS の数値解法になる．したがって，衝撃波を伴う流れから自然対流のような遅い流れまでを，同一の方程式で解くことができる．

前処理法[1~3]に基づき，一般曲線座標系の 3 次元 CNS を前処理型に変換すれば次式のようになる．

$$\Gamma\frac{\partial \hat{Q}}{\partial t} + \frac{\partial F_i}{\partial \xi_i} + S + H = 0 \tag{8.1}$$

ここで，$\hat{Q}$ は前処理型方程式の未知変数ベクトルで，$\hat{Q} = J[p \quad u_1 \quad u_2 \quad u_3 \quad T]^T$ のように初期変数から構成される．また，Γ は前処理行列で，一般状態方程式へ適用できる一般形で次式のように定義される[4]．

$$\Gamma = \begin{bmatrix} \theta & 0 & 0 & 0 & \rho_T \\ \theta u_1 & \rho & 0 & 0 & \rho_T u_1 \\ \theta u_2 & 0 & \rho & 0 & \rho_T u_2 \\ \theta u_3 & 0 & 0 & \rho & \rho_T u_3 \\ \theta h - (1 - \rho h_p) & \rho u_1 & \rho u_2 & \rho u_3 & \rho_T h + \rho h_T \end{bmatrix} \tag{8.2}$$

ただし，h はエンタルピー $h = (e + p)/\rho$ である．また，温度および圧力による ρ, h の偏微分を，添え字 T および p で表す．上式は式 (5.130) とほとんど同じ形をしているが，新たに h_p が導入されているところが異なる．θ は前処理パラメータであり，次式を用いる．

$$\theta = \frac{1}{U_r^2} - \frac{\rho_T(1 - \rho h_p)}{\rho h_T} \tag{8.3}$$

ただし，U_r は次のように条件分けされる値である．

$$U_r = \begin{cases} \varepsilon c & (u < \varepsilon c) \\ u & (\varepsilon c \le u < c) \\ c & (c \le u) \end{cases}$$

ここで，$u = \sqrt{u_i u_i}$ であり，ε はきわめて小さな定数値である．仮に，U_r が音速に等しければ $\theta = 0$ になり，式 (8.2) は 3 次元 CNS に帰着する．

8.3 前処理型差分スキーム

前処理型 CNS である式 (8.1) への変換に伴い，式 (5.132) と同様に，差分スキームも前処理型に変換される[4]．式の展開はほとんど同じであるが，温度のみならず圧力による密度やエンタルピーの偏導関数が必要になるので，改めて説明する．

いま，区分的領域 ℓ ならびに $\ell+1$ の境界面において，F_i の数値流束を $(F_i)_{\ell+1/2}$ と定義すれば，$(F_i)_{\ell+1/2}$ は境界面左の区分的領域 ℓ と，境界面右の区分的領域 $\ell+1$ から伝播してくる特性に基づく数値流束 $F_i^{\pm}$ の和として，次式のように表される．

$$(F_i)_{\ell+1/2} = (F_i^+)_{\ell+1/2} + (F_i^-)_{\ell+1/2} = (\hat{A}_i^+)_{\ell+1/2}\hat{Q}_{\ell+1/2}^L + (\hat{A}_i^-)_{\ell+1/2}\hat{Q}_{\ell+1/2}^R \tag{8.4}$$

ここで，$\hat{A}_i^{\pm}$ は前処理された $F_i^{\pm}$ のヤコビ行列で，$\hat{Q}^L$ ならびに $\hat{Q}^R$ は，左右の区分的領域において高次補間された未知変数ベクトルである．上式の $(\hat{A}_i^{\pm})_{\ell+1/2}\hat{Q}_{\ell+1/2}^M$ は，前処理型流束分離式として次式のように導出される．

$$(\hat{A}_i^{\pm})_{\ell+1/2}\hat{Q}^M = (\Gamma L_{ii}^{-1}\Lambda_i^{\pm}L_i)_{\ell+1/2}\hat{Q}^M = \hat{\lambda}_{i1}^{\pm}\Gamma\hat{Q}^M + \frac{\hat{\lambda}_{ia}^{\pm}}{\hat{c}_i\sqrt{g_{ii}}}\hat{Q}_{ia} + \frac{\hat{\lambda}_{ib}^{\pm}}{\hat{c}_i^2}\hat{Q}_{ib} \tag{8.5}$$

上添え字 M は，L もしくは R に置き換えられる．L_i ならびに Λ_i は，前処理された左固有ベクトルと固有値（特性速度）からなる行列である．$\hat{\lambda}_{ia}^{\pm}$ と $\hat{\lambda}_{ib}^{\pm}$ は次式で定義される．

$$\hat{\lambda}_{ia}^{\pm} = \frac{\hat{\lambda}_{i4}^{\pm} - \hat{\lambda}_{i5}^{\pm}}{2}, \quad \hat{\lambda}_{ib}^{\pm} = \frac{\ell_i^-\hat{\lambda}_{i4}^{\pm} - \ell_i^+\hat{\lambda}_{i5}^{\pm}}{\ell_i^- - \ell_i^+} - \hat{\lambda}_{i1}^{\pm} \tag{8.6}$$

ここで，$\hat{\lambda}_{ij}\ (j=1,4,5)$ ならびに $\ell_i^{\pm}$ は，

$$\hat{\lambda}_{ij}^{\pm} = \frac{\hat{\lambda}_{ij} \pm |\hat{\lambda}_{ij}|}{2} \tag{8.7}$$

$$\ell_i^{\pm} = \frac{\rho U_r^2}{U_i(1-\alpha)/2 \pm \hat{c}_i\sqrt{g_{ii}}} \tag{8.8}$$

である．$\hat{\lambda}_{ij}$ $(j = 1, 4, 5)$ は前処理された固有値（特性速度）であり，次のように導出される．

$$\hat{\lambda}_{i1} = U_i \tag{8.9a}$$

$$\hat{\lambda}_{i4} = \frac{(1+\alpha)U_i}{2} + \hat{c}_i\sqrt{g_{ii}} \tag{8.9b}$$

$$\lambda_{i5} = \frac{(1+\alpha)U_i}{2} - \hat{c}_i\sqrt{g_{ii}} \tag{8.9c}$$

ここで，$\hat{c}_i$ は擬似音速であり，次式のように導出される．

$$\hat{c}_i = \frac{1}{2}\sqrt{\frac{U_i^2(1-\alpha)^2}{g_{ii}} + 4U_r^2} \tag{8.10}$$

また，$\alpha = U_r^2\{\rho_p + \rho_T(1 - \rho h_p)/\rho h_T\}$，$\rho_p = \partial\rho/\partial p$ である．もし，U_r が音速に等しければ $\alpha = 1$ になり，$\hat{c}_i$ は本来の音速に等しくなる．

$\hat{Q}_{ia}$ と $\hat{Q}_{ib}$ は次のようなサブベクトルの和で与えられる．

$$\hat{Q}_{ia} = \hat{q}_1^M\hat{Q}_{ic} + \rho\widehat{U}_i\hat{Q}_d, \quad \hat{Q}_{ib} = \frac{\rho\widehat{U}_i\hat{c}_i^2}{g_{ii}}\hat{Q}_{ic} + \frac{\hat{q}_1^M\hat{c}_i^2}{U_r^2}\hat{Q}_d \tag{8.11}$$

ここで，$\hat{q}_j^M$ と $\widehat{U}_i = (\partial\xi_i/\partial x_j)\hat{q}_{j+1}^M$ $(j = 1, 2, 3)$ は，高次補間された $\hat{Q}$ の j 番目の要素ならびに反変速度である．さらに $\hat{Q}_{ic}$ と $\hat{Q}_d$ は次のようなサブベクトルになる．

$$\hat{Q}_{ic} = \begin{bmatrix} 0 & \partial\xi_i/\partial x_1 & \partial\xi_i/\partial x_2 & \partial\xi_i/\partial x_3 & U_i \end{bmatrix}^T \tag{8.12}$$

$$\hat{Q}_d = \begin{bmatrix} 1 & u_1 & u_2 & u_3 & (e+p)/\rho \end{bmatrix}^T \tag{8.13}$$

時間積分には，次式の前処理型 LU-SGS スキーム[4] が用いられる．

$$\Gamma D\Delta\hat{Q}^* = RHS + \Delta t G^+(\Delta\hat{Q}^*) \tag{8.14a}$$

$$\Delta\hat{Q}^n = \Delta\hat{Q}^* - \Gamma^{-1}D^{-1}\Delta t G^-(\Delta\hat{Q}^n) \tag{8.14b}$$

ただし，

$$G^+(\Delta\hat{Q}^*) = (\hat{A}_1^+ \Delta\hat{Q}^*)_{i-1,j,k} + (\hat{A}_2^+ \Delta\hat{Q}^*)_{i,j-1,k} + (\hat{A}_3^+ \Delta\hat{Q}^*)_{i,j,k-1}$$
$$G^-(\Delta\hat{Q}^n) = (\hat{A}_1^- \Delta\hat{Q}^n)_{i+1,j,k} + (\hat{A}_2^- \Delta\hat{Q}^n)_{i,j+1,k} + (\hat{A}_3^- \Delta\hat{Q}^n)_{i,j,k+1}$$

である．RHS は式 (8.1) を陽的に計算した各時間ステップの解，Δt は時間間隔であり，$\hat{Q}^{n+1} = \hat{Q}^n + \Delta\hat{Q}^n$ として解が更新される．添字 i, j, k は 3 次元格子点番号，D は LU-SGS 特有の対角化項である．また，$\hat{A}_\ell^\pm \Delta\hat{Q}$ ($\ell = 1, 2, 3$) は，式 (8.5) の左辺に相当する $\hat{A}_\ell^\pm \hat{Q}$ ($\ell = 1, 2, 3$) の $\hat{Q}$ を，$\Delta\hat{Q}$ に置き換えることにより計算できる．

8.4 超臨界流体の熱物性モデル

超臨界流体を数値計算する際に最も重要なのは，熱物性の評価である．臨界点近傍では熱物性が非線形に変化することから，従来の理想気体を仮定した手法は使えない．したがって，圧力，温度，密度間の関係を支配している状態方程式を，理想気体の状態方程式 $p = \rho RT$ から，実在気体効果が考慮できる一般状態方程式に置き換える必要がある．一般状態方程式には大きく分けて，3 次方程式からなる cubic 型と，多項式からなる virial 型がある．cubic 型には，van der Waals 状態方程式 (vdW EOS) やそれを改良した Redlich–Kwong 状態方程式 (R–K EOS)[5]，Peng–Robinson 状態方程式 (P–R EOS)[6] がある．たとえば，P–R EOS は次式で定義される．

$$\left(p + \frac{a\rho^2}{1 + 2b\rho - b^2\rho^2}\right)(1 - b\rho) = \rho RT \tag{8.15}$$

ここで，a, b は物質ごとに異なる温度の関数として定義されている．

cubic 型 EOS から計算された，臨界圧近傍における CO_2 の密度を図 8.3 に示す．CO_2 の密度は，擬似臨界温度をまたぎながら液体から超臨界流体へと連続的に変化するが，熱物性データベース PROPATH[7] から計算された値が正確であるのに対して，理想気体の EOS はかなりずれた値になっている．一方，cubic 型 EOS では，vdW EOS，R–K EOS，P–R EOS と改良されるにつれて PROPATH の値に近づいており，P–R EOS は臨界点近傍でもよい精度で密度を計算できることがわかる．

熱流動を伴う超臨界流体，とくに圧縮性流れを数値計算する場合には，音速の正確な評価も重要になる．実在気体効果を考慮した音速は次式のように導出される．

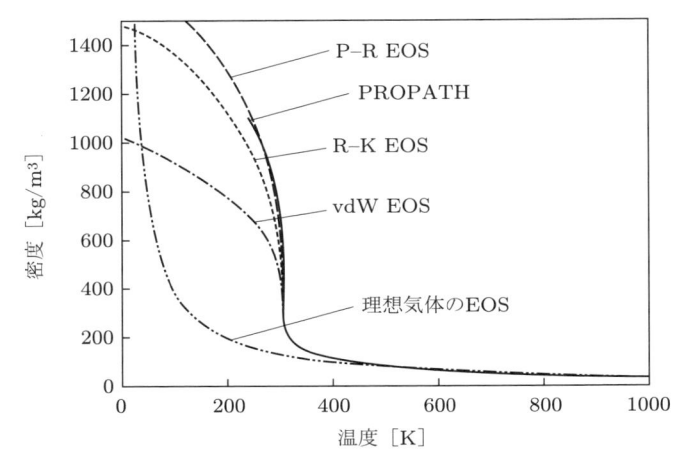

図 8.3　状態方程式により計算された密度

$$c = \sqrt{\frac{\rho h_T}{\rho_T(1 - \rho h_p) + \rho \rho_p h_T}} \tag{8.16}$$

ここで，h はエンタルピーで，添え字 T および p は温度および圧力による偏微分を表す．したがって，音速を計算するためにはこれら偏微分も計算しなければならない．しかし，これらを cubic 型 EOS から計算するのはかなり手間がかかる．たとえば，P–R EOS から導出される ρ_p, ρ_T, h_p, h_T は，次のように非常に複雑である．

$$\rho_p = \frac{1 - b\rho}{RT + bp - \dfrac{2a\rho - ab\rho^2 - 4ab^2\rho^3 + ab^3\rho^4}{(1 + 2b\rho - b^2\rho^2)^2}}$$

$$\rho_T = -\frac{\rho R - \dfrac{a_T\rho^2(1 - b\rho)}{1 + 2b\rho - b^2\rho^2}}{RT + bp - \dfrac{2a\rho - ab\rho^2 - 4ab^2\rho^3 + ab^3\rho^4}{(1 + 2b\rho - b^2\rho^2)^2}}$$

$$h_p = \frac{1}{(\gamma - 1)\rho}\left(\gamma - b\rho - \frac{\gamma\rho_p}{\rho}p + \frac{\rho_p}{\rho}\alpha\frac{2 - \gamma - 2b\rho - \gamma b^2\rho^2}{1 + 2b\rho - b^2\rho^2}\right)$$

$$h_T = \frac{1}{(\gamma - 1)\rho}\left\{\frac{a_T}{a}\alpha(2 - \gamma - b\rho) - \frac{\gamma\rho_T}{\rho}p + \frac{\rho_T}{\rho}\alpha\frac{2 - \gamma - 2b\rho - \gamma b^2\rho^2}{1 + 2b\rho - b^2\rho^2}\right\}$$

ただし，$\alpha = a\rho^2/(1 + 2b\rho - b^2\rho^2)$ である．

図 8.4 に，3 種類の cubic 型 EOS から計算により得られた CO_2 の音速を示

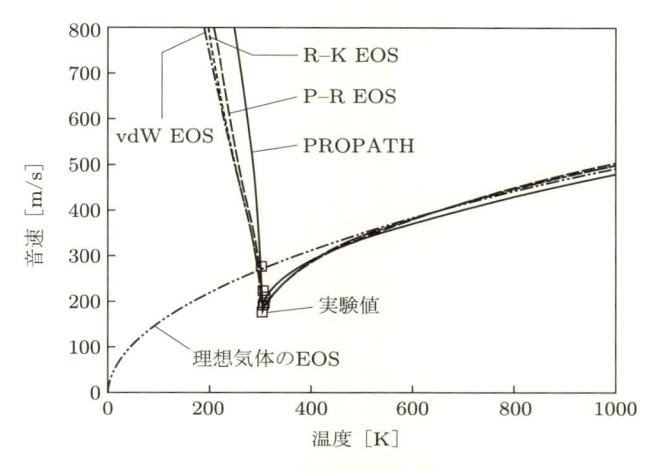

図 8.4 音速の計算結果

す[8]. 実測値との比較によれば，理想気体の EOS では正確な評価がまったくできないのに対して，P–R EOS など cubic 型 EOS では臨界点近傍でよく近似できている．ただし，cubic 型 EOS は 3 次方程式であり，解が三つ存在して一意に決められないという本質的な問題がある．そのため，cubic 型 EOS で臨界点近傍の熱物性を計算すると，解が振動することが知られている．

P–R EOS に基づき超臨界 CO_2 の熱対流を計算した際には，得られた解は理想気体の EOS の解とは基本的に異なり，とくに温度場・密度場の解の違いが顕著である[8]．しかし，P–R EOS を超臨界水にも応用した結果からは，cubic 型 EOS が遷臨界領域の水には実用できないことが認識されている．

ここでは，九州大学が開発した，PROPATH の熱物性データベースを用いた超臨界流体の数理モデルについて説明する．PROPATH において，超臨界水には IAPWS[9]で定義された virial 型 EOS が採用されている．これは，多項式近似された EOS であり，計算負荷は増大するが，現存する EOS の中では最も信頼のおける値が得られる．蒸気表はこれに基づいて作成されている．PROPATH には 48種類の物質に関する熱物性値が，数理モデルの形でプログラムされている．外部組込み関数として読み込むことによって，各物質の正確な熱物性値を求められる．これら関数は，温度と圧力を引数としているので，同じくこれらを未知変数としている前処理型の数値解法との相性はよい．たとえば，CO_2 の EOS は，IUPAC[10]に準拠した熱物性値に対する多項式近似によって，以下のような数理モデルで定義さ

れる.

$$p = \rho RT \left\{ 1 + \omega \sum_{i=0}^{9} \sum_{j=0}^{J_i} a_{ij} (\tau - 1)^j (\omega - 1)^i \right\} \tag{8.17}$$

ただし,$\omega = \rho/\rho^*$,$\tau = T^*/T$ であり,具体的には CO_2 の場合,$\rho^* = 468\,\mathrm{kg/m^3}$,$T^* = 304.21\,\mathrm{K}$ である.また,a_{ij} ならびに J_i は IUPAC に定義されている.

定積比熱ならびに定圧比熱は,次式により定義される.

$$C_v = \int_0^{\rho} \frac{T}{\rho^2} \left(\frac{\partial^2 p}{\partial T^2} \right)_{\rho} d\rho + C_v^{\mathrm{ideal}} \tag{8.18}$$

$$C_p = C_v + \frac{T}{\rho^2} \frac{(\partial p/\partial T)_{\rho}^2}{(\partial p/\partial \rho)_T} \tag{8.19}$$

ただし,C_v^{ideal} は理想気体の定積比熱である.

さらに,分子粘性係数 η や熱伝導率 κ など個々の物質ごとに数理モデルがあるが,CO_2 の場合には,次式のような多項式に基づく数理モデルが採用されている.

$$\ln \left(\frac{\eta}{\eta_x} \right) = \sum_{i=1}^{4} \sum_{j=0}^{1} b_{ij} \tau^j \omega^i \tag{8.20}$$

$$\ln \left(\frac{\kappa}{\kappa_x} \right) = \sum_{i=1}^{5} \sum_{j=0}^{2} d_{ij} \tau^j \omega^i \tag{8.21}$$

ただし,$\eta_x = \sum_{i=1}^{3} c_i \tau^{i-3/2}$,$\kappa_x = \sum_{i=1}^{3} e_i \tau^{i-3/2}$ である.係数 b_{ij}, d_{ij}, c_i, e_i は,IUPAC[11] に定義されている.ほかの物質の場合も同様に,各熱物性は多項式近似に基づく数理モデルとして定義される.

virial 型 EOS を採用した熱物性データベースには,NIST が作成した REF-PROP[11] もよく利用されている.PROPATH あるいは REFPROP のいずれにしても,多項式に基づく熱物性データベースを用いているため,直接計算するとかなりの計算時間を要する.これらデータベースには,圧力や温度などを引数とした熱物性の関数が準備されているが,たとえば CO_2 の EOS である式 (8.17) は,45 項からなる多項式で定義されている.そのため一般的には,各熱物性ならびにその偏微分値の参照テーブル(lookup table)をまず作成して,そこから値を補間して引用することにより,計算時間を大幅に短縮する手法が用いられる.筆者らは,圧力と温度のみならず,定積・定圧比熱,分子粘性係数,熱伝導率,さらには密度,エンタルピーの温度もしくは圧力による偏導関数,ρ_T, ρ_p, h_T, h_p なども同様に,

参照テーブルから値を補間により算出して，前処理型差分スキームの計算に用いている．

8.5 計算例

単純な超臨界 CO_2 流れの問題として，正方形空所内の自然対流を計算した結果について紹介する．左辺を高温，右辺を低温にすると，空所内で右回りの自然対流が発生することが知られている．ここでは，左辺を 312 K，右辺を 304 K で，場の圧力を 0.1 MPa と 8.0 MPa として計算した場合に得られた定圧比熱分布を図 8.5 に示す[4]．常温・常圧では図(a)のような結果が得られるのに対して，8.0 MPa のケースでは，304 K と 312 K の間に擬似臨界温度が存在することから定圧比熱は極大値をもっており，図(b)には極大値にあたる部分が帯状に位置づけられている結果が得られている．

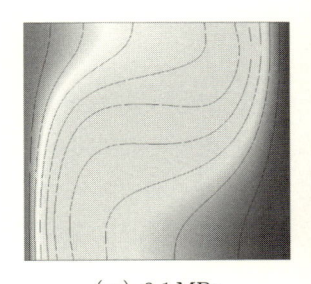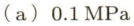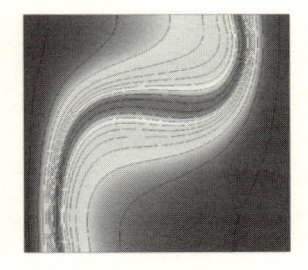

　（a）0.1 MPa　　　　　　　（b）8.0 MPa

図 8.5　正方形空所内の自然対流における定圧比熱分布[4]

次に，超臨界 CO_2 流れの実用問題として，超臨界流体急速膨張法[12, 13]（RESS）による高分子ポリマー粒子生成を数値計算して得られた結果を簡単に紹介する[14, 15]．RESS は，高分子ポリマーを溶解した超臨界 CO_2 を微小径の軸対称ノズルから噴出して，その際の急速膨張により微小な高分子ポリマー粒子を生成する技術であり，たとえばイブプロフェンなどの創薬に利用されている．比較的単純な機構にもかかわらず，超臨界 CO_2 がノズル出口で膨張して超音速になり衝撃波を形成したり，さらに CO_2 自体が凝縮（凝固）したりと，複雑な流動場が形成される．一方，溶解した高分子ポリマーもノズル内外のいずれかの場所で均一核生成して，微小粒子として析出（crystallization）する．

図 8.6(a)は，RESS を計算して得られた軸対称ノズル上半面のマッハ数分布[15]

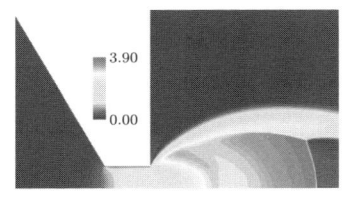
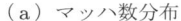
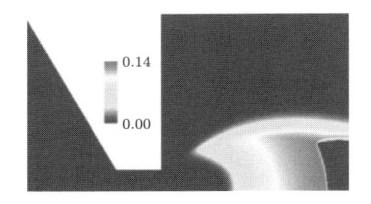

（a）マッハ数分布　　　　　　　　（b）CO_2 凝縮液滴の質量分率分布

図 8.6　RESS の計算結果[14]

である．超臨界 CO_2 が軸対称ノズルから噴出して超音速になり，マッハディスク（Mach disk）を形成しているのが示されている．図(b)は，CO_2 凝縮液滴の質量分率（湿り度）分布である．ノズル出口後方で非平衡凝縮が発生して，マッハディスクまで CO_2 の凝縮液滴は成長している．その後，マッハディスク背後の圧力上昇により液滴は蒸発しているが，一部の液滴はマッハディスク上方で蒸発せずに下流に流れている．超臨界流体の数値解法と非平衡凝縮モデルを合わせて数値計算することにより，このようにノズル出口における CO_2 の急膨張に伴う非平衡凝縮を捕獲することができる．

　図 8.7 には，計算により得られたマルチフィジックス熱流動[15]をまとめた．まず，超臨界 CO_2 流れは軸対称ノズル内で超臨界状態から気体へと変化して，ノズルから噴出する際には超音速流れになり，後方でマッハディスクを形成する．さらに，超音速域では急速な膨張により CO_2 気体が非平衡凝縮する．一方，高分子ポリマーは，超臨界 CO_2 が超臨界から気体へと変化する際に，溶解度の急激な減少に伴い析出して微小粒子化し，その後，成長・凝集しながら CO_2 気体とともに流動していく．ノズル入口条件によっては，超臨界 CO_2 がノズル内でも気体に変化するという結果が得られた．この場合，ノズル内で高分子ポリマーが析出してしま

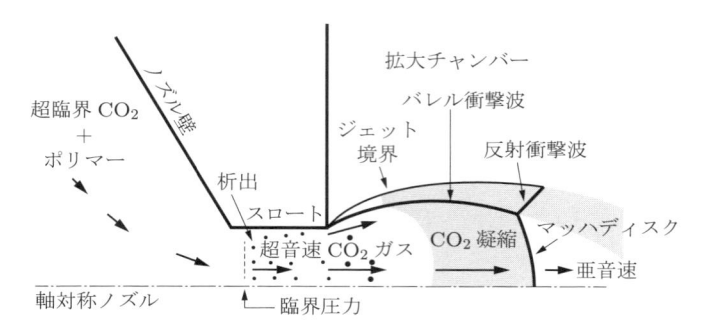

図 8.7　RESS におけるマルチフィジックス[15]

うため，ノズル閉塞の原因につながるおそれがあることが示唆される．なお，7.4 節の凝集モデルで導出した単一分散系の凝集モデル式 (7.42) により，高分子ポリマー粒子の凝集も考慮して計算しているが，ここではその説明は省略する．

最後に，2 次元ノズルを通る高圧 CO_2 非平衡凝縮流れ（正確には臨界点近傍の亜臨界領域）の実験研究[16] が報告されているので，それについて数値計算して実験と比較した結果[17] を簡単に紹介する．なお，超臨界流体の数値解法とともに非平衡凝縮モデルを同時に解いている．ノズル入口全圧，全温を $5.8\,\mathrm{MPa}, 310\,\mathrm{K}$ として計算した．

図 8.8 に，計算により得られた CO_2 凝縮液滴の質量分率を示す．ノズルスロート後方で，非平衡凝縮に伴う CO_2 の液滴が生成されていることがわかる．図 8.9 は，ノズル中心部分の圧力分布の比較である．凝縮モデルありの場合は，非平衡凝縮に伴って放出される潜熱による圧力上昇が捉えられており，これは実験値とも一致している．一方で，凝縮モデルありでも理想気体の EOS を仮定する場合には，凝縮モデルなしの場合と同様に，この圧力上昇はまったく捉えられていない．このように，臨界点近傍の高圧領域で発生する非平衡凝縮の計算には，超臨界流体の数値解法が必須であることが示唆されている．

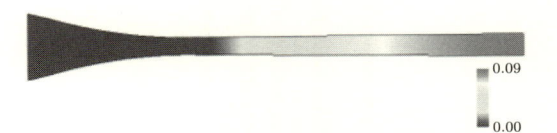

図 8.8 計算により得られた CO_2 液滴の質量分率[17]

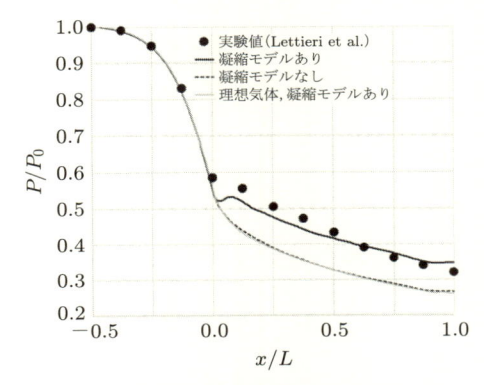

図 8.9 ノズル中心部分の圧力分布[16, 17]

付　録

A.1　理想気体の状態方程式の各種表記

理想気体の状態方程式は，以下のように表される．

$$pv = k_B T$$

$$p = nk_B T = \frac{\rho}{m} k_B T = \frac{\rho}{m} \frac{R}{N_A} T = \rho \frac{R}{M} T = \rho \bar{R} T$$

ここで，

$$v = \frac{1}{n} = \frac{m}{\rho}, \quad \rho = \frac{m}{v} = nm, \quad M = mN_A, \quad R = k_B N_A, \quad \bar{R} = \frac{k_B}{m}$$

$v\,[\mathrm{m^3}]$：（分子 1 個あたりの）気体体積（gas volume）

$n\,[\mathrm{m^{-3}}]$：分子の数密度（number density of molecules）

$m\,[\mathrm{kg}]$：分子 1 個の質量（molecular mass）

$\rho\,[\mathrm{kg/m^3}]$：気体の密度（density of gas）

$M\,[\mathrm{kg/mol}]$：分子のモル質量（molar mass）

$N_A = 6.02214076 \times 10^{23}\,[\mathrm{mol^{-1}}]$：アボガドロ定数（Avogadro constant）

$R = 8.314462618\,[\mathrm{J/(K \cdot mol)}]$：普遍気体定数（universal gas constant）

$\bar{R}\,[\mathrm{J/(kg \cdot K)}]$：比気体定数（specific gas constant）

$k_B = 1.380649 \times 10^{-23}\,[\mathrm{J/K}]$：ボルツマン定数（Boltzmann constant）

である．

A.2　ヤコビ行列，左固有ベクトルの行列と固有値の対角行列

第 8 章で用いた各種の行列の詳細を，以下に示す．

$\hat{A}_i =$

$$
\begin{bmatrix}
\rho_p U_i & \dfrac{\partial \xi_i}{\partial x_1}\rho & \dfrac{\partial \xi_i}{\partial x_2}\rho & \dfrac{\partial \xi_i}{\partial x_3}\rho & \rho_T U_i \\[2ex]
\dfrac{\partial \xi_i}{\partial x_1} + \rho_p u_1 U_i & \dfrac{\partial \xi_i}{\partial x_1}\rho u_1 + \rho U_i & \dfrac{\partial \xi_i}{\partial x_2}\rho u_1 & \dfrac{\partial \xi_i}{\partial x_3}\rho u_1 & \rho_T u_1 U_i \\[2ex]
\dfrac{\partial \xi_i}{\partial x_2} + \rho_p u_2 U_i & \dfrac{\partial \xi_i}{\partial x_1}\rho u_2 & \dfrac{\partial \xi_i}{\partial x_2}\rho u_2 + \rho U_i & \dfrac{\partial \xi_i}{\partial x_3}\rho u_2 & \rho_T u_2 U_i \\[2ex]
\dfrac{\partial \xi_i}{\partial x_3} + \rho_p u_3 U_i & \dfrac{\partial \xi_i}{\partial x_1}\rho u_3 & \dfrac{\partial \xi_i}{\partial x_2}\rho u_3 & \dfrac{\partial \xi_i}{\partial x_3}\rho u_3 + \rho U_i & \rho_T u_3 U_i \\[2ex]
\rho_p h U_i & \rho u_1 U_i + \dfrac{\partial \xi_i}{\partial x_1}\rho h & \rho u_2 U_i + \dfrac{\partial \xi_i}{\partial x_2}\rho h & \rho u_3 U_i + \dfrac{\partial \xi_i}{\partial x_3}\rho h & \rho_T h U_i + \rho C_p U_i
\end{bmatrix}
$$

$$
\Gamma^{-1} =
\begin{bmatrix}
\dfrac{\rho C_p + \rho_T C_p T - \rho_T \phi}{\rho C_p \theta + \rho_T} & \dfrac{u_1 \rho_T}{\rho C_p \theta + \rho_T} & \dfrac{u_2 \rho_T}{\rho C_p \theta + \rho_T} & \dfrac{u_3 \rho_T}{\rho C_p \theta + \rho_T} & \dfrac{-\rho_T}{\rho C_p \theta + \rho_T} \\[2ex]
-\dfrac{u_1}{\rho} & \dfrac{1}{\rho} & 0 & 0 & 0 \\[2ex]
-\dfrac{u_2}{\rho} & 0 & \dfrac{1}{\rho} & 0 & 0 \\[2ex]
-\dfrac{u_3}{\rho} & 0 & 0 & \dfrac{1}{\rho} & 0 \\[2ex]
\dfrac{1 + \phi\theta - C_p T \theta}{\rho C_p \theta + \rho_T} & \dfrac{-u_1 \theta}{\rho C_p \theta + \rho_T} & \dfrac{-u_2 \theta}{\rho C_p \theta + \rho_T} & \dfrac{-u_3 \theta}{\rho C_p \theta + \rho_T} & \dfrac{\theta}{\rho C_p \theta + \rho_T}
\end{bmatrix}
$$

$$
\Gamma^{-1}\hat{A}_i =
\begin{bmatrix}
\dfrac{(\rho C_p \rho_p + \rho_T) U_i}{\rho C_p \theta + \rho_T} & \dfrac{(\partial \xi_i/\partial x_1)\rho^2 C_p}{\rho C_p \theta + \rho_T} & \dfrac{(\partial \xi_i/\partial x_2)\rho^2 C_p}{\rho C_p \theta + \rho_T} & \dfrac{(\partial \xi_i/\partial x_3)\rho^2 C_p}{\rho C_p \theta + \rho_T} & 0 \\[2ex]
\dfrac{1}{\rho}\dfrac{\partial \xi_i}{\partial x_1} & U_i & 0 & 0 & 0 \\[2ex]
\dfrac{1}{\rho}\dfrac{\partial \xi_i}{\partial x_2} & 0 & U_i & 0 & 0 \\[2ex]
\dfrac{1}{\rho}\dfrac{\partial \xi_i}{\partial x_3} & 0 & 0 & U_i & 0 \\[2ex]
\dfrac{(\rho_p - \theta) U_i}{\rho C_p \theta + \rho_T} & \dfrac{(\partial \xi_i/\partial x_1)\rho}{\rho C_p \theta + \rho_T} & \dfrac{(\partial \xi_i/\partial x_2)\rho}{\rho C_p \theta + \rho_T} & \dfrac{(\partial \xi_i/\partial x_3)\rho}{\rho C_p \theta + \rho_T} & U_i
\end{bmatrix}
$$

$$
\Gamma^{-1}\hat{A}_i = L_i^{-1}\Lambda_i L_i
$$

$$
L_1 =
\begin{bmatrix}
1 & 0 & 0 & 0 & -\rho C_p \\
1 & (\partial \xi_1/\partial x_1)\ell_1^+ & (\partial \xi_1/\partial x_2)\ell_1^+ & (\partial \xi_1/\partial x_3)\ell_1^+ & 0 \\
0 & \partial \xi_1/\partial x_2 & -\partial \xi_1/\partial x_1 & 0 & 0 \\
0 & \partial \xi_1/\partial x_3 & 0 & -\partial \xi_1/\partial x_1 & 0 \\
1 & (\partial \xi_1/\partial x_1)\ell_1^- & (\partial \xi_1/\partial x_2)\ell_1^- & (\partial \xi_1/\partial x_3)\ell_1^- & 0
\end{bmatrix}
$$

$$
L_2 = \begin{bmatrix}
1 & 0 & 0 & 0 & -\rho C_p \\
0 & -\partial \xi_2/\partial x_2 & \partial \xi_2/\partial x_1 & 0 & 0 \\
1 & (\partial \xi_1/\partial x_1)\ell_2^+ & (\partial \xi_2/\partial x_2)\ell_2^+ & (\partial \xi_2/\partial x_3)\ell_2^+ & 0 \\
0 & 0 & \partial \xi_2/\partial x_3 & -\partial \xi_2/\partial x_2 & 0 \\
1 & (\partial \xi_2/\partial x_1)\ell_2^- & (\partial \xi_2/\partial x_2)\ell_2^- & (\partial \xi_2/\partial x_3)\ell_2^- & 0
\end{bmatrix}
$$

$$
L_3 = \begin{bmatrix}
1 & 0 & 0 & 0 & -\rho C_p \\
0 & -\partial \xi_3/\partial x_3 & 0 & \partial \xi_3/\partial x_1 & 0 \\
0 & 0 & -\partial \xi_3/\partial x_3 & \partial \xi_3/\partial x_2 & 0 \\
1 & (\partial \xi_3/\partial x_1)\ell_3^+ & (\partial \xi_3/\partial x_2)\ell_3^+ & (\partial \xi_3/\partial x_3)\ell_3^+ & 0 \\
1 & (\partial \xi_3/\partial x_1)\ell_3^- & (\partial \xi_3/\partial x_2)\ell_3^- & (\partial \xi_3/\partial x_3)\ell_3^- & 0
\end{bmatrix}
$$

$$
\Lambda_1 = \begin{bmatrix}
\hat{\lambda}_{11} & & & & 0 \\
& \hat{\lambda}_{14} & & & \\
& & \hat{\lambda}_{11} & & \\
& & & \hat{\lambda}_{11} & \\
0 & & & & \hat{\lambda}_{15}
\end{bmatrix}, \quad
\Lambda_2 = \begin{bmatrix}
\hat{\lambda}_{21} & & & & 0 \\
& \hat{\lambda}_{21} & & & \\
& & \hat{\lambda}_{24} & & \\
& & & \hat{\lambda}_{21} & \\
0 & & & & \hat{\lambda}_{25}
\end{bmatrix},
$$

$$
\Lambda_3 = \begin{bmatrix}
\hat{\lambda}_{31} & & & & 0 \\
& \hat{\lambda}_{31} & & & \\
& & \hat{\lambda}_{31} & & \\
& & & \hat{\lambda}_{34} & \\
0 & & & & \hat{\lambda}_{35}
\end{bmatrix}
$$

$L_1^{-1} =$

$$
\begin{bmatrix}
0 & -\dfrac{\ell_1^-}{\ell_1^- - \ell_1^+} & 0 & 0 & \dfrac{\ell_1^+}{\ell_1^- - \ell_1^+} \\[2mm]
0 & \dfrac{1}{g_{11}(\ell_1^- - \ell_1^+)}\dfrac{\partial \xi_1}{\partial x_1} & \dfrac{1}{g_{11}}\dfrac{\partial \xi_1}{\partial x_2} & \dfrac{1}{g_{11}}\dfrac{\partial \xi_1}{\partial x_3} & -\dfrac{1}{g_{11}(\ell_1^- - \ell_1^+)}\dfrac{\partial \xi_1}{\partial x_1} \\[2mm]
0 & \dfrac{1}{g_{11}(\ell_1^- - \ell_1^+)}\dfrac{\partial \xi_1}{\partial x_2} & -\left\{1-\dfrac{1}{g_{11}}\left(\dfrac{\partial \xi_1}{\partial x_1}\right)^2\right\}\Big/\dfrac{\partial \xi_1}{\partial x_1} & \dfrac{1}{g_{11}}\dfrac{\partial \xi_1}{\partial x_2}\dfrac{\partial \xi_1}{\partial x_3}\Big/\dfrac{\partial \xi_1}{\partial x_1} & -\dfrac{1}{g_{11}(\ell_1^- - \ell_1^+)}\dfrac{\partial \xi_1}{\partial x_2} \\[2mm]
0 & \dfrac{1}{g_{11}(\ell_1^- - \ell_1^+)}\dfrac{\partial \xi_1}{\partial x_3} & \dfrac{1}{g_{11}}\dfrac{\partial \xi_1}{\partial x_2}\dfrac{\partial \xi_1}{\partial x_3}\Big/\dfrac{\partial \xi_1}{\partial x_1} & -\left\{1-\dfrac{1}{g_{11}}\left(\dfrac{\partial \xi_1}{\partial x_3}\right)^2\right\}\Big/\dfrac{\partial \xi_1}{\partial x_1} & -\dfrac{1}{g_{11}(\ell_1^- - \ell_1^+)}\dfrac{\partial \xi_1}{\partial x_3} \\[2mm]
-\dfrac{1}{\rho C_p} & -\dfrac{\ell_1^-}{\rho C_p(\ell_1^- - \ell_1^+)} & 0 & 0 & \dfrac{\ell_1^+}{\rho C_p(\ell_1^- - \ell_1^+)}
\end{bmatrix}
$$

$L_2^{-1} =$

$$
\begin{bmatrix}
0 & 0 & -\dfrac{\ell_2^-}{\ell_2^- - \ell_2^+} & 0 & \dfrac{\ell_2^+}{\ell_2^- - \ell_2^+} \\[2mm]
0 & -\left\{1-\dfrac{1}{g_{22}}\left(\dfrac{\partial \xi_2}{\partial x_1}\right)^2\right\}\Big/\dfrac{\partial \xi_2}{\partial x_2} & \dfrac{1}{g_{22}(\ell_2^- - \ell_2^+)}\dfrac{\partial \xi_2}{\partial x_1} & \dfrac{1}{g_{22}}\dfrac{\partial \xi_2}{\partial x_1}\dfrac{\partial \xi_2}{\partial x_3}\Big/\dfrac{\partial \xi_2}{\partial x_2} & -\dfrac{1}{g_{22}(\ell_2^- - \ell_2^+)}\dfrac{\partial \xi_2}{\partial x_1} \\[2mm]
0 & \dfrac{1}{g_{22}}\dfrac{\partial \xi_2}{\partial x_1} & \dfrac{1}{g_{22}(\ell_2^- - \ell_2^+)}\dfrac{\partial \xi_2}{\partial x_2} & \dfrac{1}{g_{22}}\dfrac{\partial \xi_2}{\partial x_3} & -\dfrac{1}{g_{22}(\ell_2^- - \ell_2^+)}\dfrac{\partial \xi_2}{\partial x_2} \\[2mm]
0 & \dfrac{1}{g_{22}}\dfrac{\partial \xi_2}{\partial x_1}\dfrac{\partial \xi_2}{\partial x_3}\Big/\dfrac{\partial \xi_2}{\partial x_2} & \dfrac{1}{g_{22}(\ell_2^- - \ell_2^+)}\dfrac{\partial \xi_2}{\partial x_3} & -\left\{1-\dfrac{1}{g_{22}}\left(\dfrac{\partial \xi_2}{\partial x_3}\right)^2\right\}\Big/\dfrac{\partial \xi_2}{\partial x_2} & -\dfrac{1}{g_{22}(\ell_2^- - \ell_2^+)}\dfrac{\partial \xi_2}{\partial x_3} \\[2mm]
-\dfrac{1}{\rho C_p} & 0 & -\dfrac{\ell_2^-}{\rho C_p(\ell_2^- - \ell_2^+)} & 0 & \dfrac{\ell_2^+}{\rho C_p(\ell_2^- - \ell_2^+)}
\end{bmatrix}
$$

$L_3^{-1} =$

$$
\begin{bmatrix}
0 & 0 & 0 & -\dfrac{\ell_3^-}{\ell_3^- - \ell_3^+} & \dfrac{\ell_3^+}{\ell_3^- - \ell_3^+} \\[2.5ex]
0 & -\left\{1 - \dfrac{1}{g_{33}}\left(\dfrac{\partial \xi_3}{\partial x_1}\right)^2\right\} \bigg/ \dfrac{\partial \xi_3}{\partial x_3} & \dfrac{1}{g_{33}}\dfrac{\partial \xi_3}{\partial x_1}\dfrac{\partial \xi_3}{\partial x_2} \bigg/ \dfrac{\partial \xi_3}{\partial x_3} & \dfrac{1}{g_{33}(\ell_3^- - \ell_3^+)}\dfrac{\partial \xi_3}{\partial x_1} & -\dfrac{1}{g_{33}(\ell_3^- - \ell_3^+)}\dfrac{\partial \xi_3}{\partial x_1} \\[2.5ex]
0 & \dfrac{1}{g_{33}}\dfrac{\partial \xi_3}{\partial x_1}\dfrac{\partial \xi_3}{\partial x_2} \bigg/ \dfrac{\partial \xi_3}{\partial x_3} & -\left\{1 - \dfrac{1}{g_{33}}\left(\dfrac{\partial \xi_3}{\partial x_2}\right)^2\right\} \bigg/ \dfrac{\partial \xi_3}{\partial x_3} & \dfrac{1}{g_{33}(\ell_3^- - \ell_3^+)}\dfrac{\partial \xi_3}{\partial x_2} & -\dfrac{1}{g_{33}(\ell_3^- - \ell_3^+)}\dfrac{\partial \xi_3}{\partial x_2} \\[2.5ex]
0 & \dfrac{1}{g_{33}}\dfrac{\partial \xi_3}{\partial x_1} & \dfrac{1}{g_{33}}\dfrac{\partial \xi_3}{\partial x_2} & \dfrac{1}{g_{33}(\ell_3^- - \ell_3^+)}\dfrac{\partial \xi_3}{\partial x_3} & -\dfrac{1}{g_{33}(\ell_3^- - \ell_3^+)}\dfrac{\partial \xi_3}{\partial x_3} \\[2.5ex]
-\dfrac{1}{\rho C_p} & 0 & 0 & -\dfrac{\ell_3^-}{\rho C_p(\ell_3^- - \ell_3^+)} & \dfrac{\ell_3^+}{\rho C_p(\ell_3^- - \ell_3^+)}
\end{bmatrix}
$$

参考文献

第 1 章

[1] Hodgkin, A. L. and Huxley, A. F., A Quantitative Description of Membrane Current and Its Application to Conduction and Excitation in Nerve, *Journal of Physiology*, Vol. 117, (1952), pp. 500-544.

[2] Nagumo, J., Arimoto, S. and Yoshizawa S., An Active Pulse Transmission Line Simulating Nerve Axon *Proc IRE*, Vol.50 (1962), pp. 2061-2070.

[3] Kermack, W. O. and McKendrick, A. G., Contributions to the Mathematical Theory of Epidemics I, *Proc. the Royal Society*, Vol. 115A, (1927), pp. 700-721, [reprinted in *Bulletin of Mathematical Biology*, Vol. 53(1/2), (1991), pp. 33-55].

[4] Kermack, W. O. and McKendrick, A. G., Contributions to the Mathematical Theory of Epidemics II, *Proc. the Royal Society*, Vol. 138A, (1932), pp. 55-83, [reprinted in *Bulletin of Mathematical Biology*, Vol. 53(1/2), (1991), pp. 57-87].

[5] Kermack, W. O. and McKendrick, A. G., Contributions to the Mathematical Theory of Epidemics III, *Proc. of the Royal Society*, Vol. 141A, (1933), pp. 94-122, [reprinted in *Bulletin of Mathematical Biology*, Vol. 53(1/2), (1991), pp. 89-118].

[6] Lotka, A. J., Elements of Mathematical Biology, Dover, (1956), [reprinted from A. J. Lotka, Elements of Physical Biology, Williams and Wilkins, (1925)].

[7] Richardson, L. F., The Approximate Arithmetical Solution by Finite Differences of Physical Problems Involving Differential Equations with an Application to the Stresses in a Masonry Dam, *Philos. Trans. R. Soc. London, Ser. A*, Vol. 210, (1910), pp. 307-357.

[8] Southwell, R. V., Relaxation Method in Engineering Science, Oxford University Press, (1940).

第 3 章

[1] Frankel, S.P., Convergence Rates of Iterative Treatments of Partial Differential Equations, *Mathematical Tables and Other Aids to Computation*, Vol. 4, (1950), pp. 65-75.

[2] Crank J. and Nicholson, P., A Practical Method for Numerical Evaluation of Solution of Partial Differential Equations of the Heat-Conduction type, *Proc. Cambridge Pilos. Soc.*, Vol. 43, (1947), pp. 50-67.

[3] Fisher, R. A., The Genetical Theory of Natural Selection. Oxford University Press, (1930), [New Ed Edition, (2000)].

[4] Turing, A. M., The Chemical Basis of Morphogenesis, *Phil. Trans. Royal Society of London*, Vol. B327, (1952), pp. 37-72.

[5] Hodgkin A. L. and Huxley, A. F., A Quantitative Description of Membrane Current and Its Application to Conduction and Excitation in Nerve, *Journal of Physiology*, Vol. 117, (1952), pp. 500-544.

[6] Pearson, J. E., Complex Patterns in A Simple System, *Science*, Vol. 61, (1993), pp.

189-192.

[7] Gray, P. and Scott, S. K., Autocatalytic Reaction in the Isothermal, Continuous, Stirred Tank Reactor: Oscillation and Instabilities in the System A + 2B → 3B, B to C, *Chemical Engineering Science*, Vol. 39, (1984), pp. 1087-1097.

第 4 章

[1] Harlow, F. H. and Welch, J .E., Numerical Calculation of Time Dependent Viscous Incompressible Flow of Fluid with Free Surface, *Phys. Fluids*, Vol. 8, (1965), pp.2182-2189.

[2] Chorin, A. J., On the Convergence of Discrete Approximations to the Navier-Stokes Equations, *Math. Comp.*, Vol. 23, (1969), pp. 341-353.

[3] Harlow, F. H. and Amsden, A. A., A Simplified MAC Technique for Incompressible Fluid Flow Calculations, *J. Comp. Phys.*, Vol. 6, (1970), pp. 322-325.

[4] Peskin, C. S., The Fluid Dynamics of Heart Valves: Experimental, Theoretical and Computational Methods, *Annual Review of Fluid Mechanics*, Vol. 14, (1981), pp. 235-259.

[5] Clarke, D., Salas, M. and Hassan, H., Euler Calculations for Multi-element Airfoils using Cartesian Grids, *AIAA J.*, Vol. 24, (1986), pp. 1128-1135.

[6] Udaykumar, H. S. et al.: A Mixed Eulerian–Lagrangian Method for Fluid Flows with Complex and Moving Boundaries, *Int. J. Numerical Methods in Fluids*, Vol. 22, (1996), pp. 691-705.

[7] Mittal, R. and Laccarino, G., Immersed Boundary Methods, *Annual Review of Fluid Mechanics*, Vol. 37, (2005), pp. 239-261.

[8] Yamamoto, S. and Mizutani, K., A Very Simple Immersed Boundary Method Applied to Three-dimensional Incompressible Navier–Stokes Solvers using Staggered Grid, *Proc. 5th joint ASME-JSME Fluids Engineering Conference*, FEDSM2007-37153 (2007), 7 pages.

[9] Taneda, S., Experimental Investigation of the Wake behind a Sphere at Low Reynolds numbers, *J. Phys. Soc. Japan*, Vol. 11, (1956), pp. 1104-1108.

[10] Tomboulides, A. G., Direct and Large-Eddy Simulation of Wage Flows: Flow past a Sphere, PhD Thesis, Princeton University, (1993).

[11] Magnaudet, J., Rivero, M. and Fabre, J., Accelerated Flows past a Rigid Sphere or a Spherical Bubble, Part 1. Steady Straining Flow, *J. Fluid Mech.*, Vol. 284, (1995), pp. 97-135.

[12] Johnson, T. and Patel, V.C., Flow past a Sphere up to a Reynolds Number of 300, *J. Fluid Mech.*, Vol. 378, (1999), pp. 19-70.

[13] Kim, J., Kim, D. and Choi, H., An Immersed-Boundary Finite-Volume Method for Simulations of Flow in Complex Geometries, *J. Comp. Phys.*, Vol. 171, (2001), pp. 132-150.

[14] Fornberg, B., Steady Viscous Flow past a Sphere at High Reynolds Numbers, *J. Fluid Mech.*, Vol. 190, (1988), p. 471.

第 5 章

[1] Steger, J.L. and Warming, R.F., Flux Vector Splitting of the Inviscid Gas-dynamic Equation with Applications to Finite Difference Methods, *J. Comp. Phys.*, Vol. 40, (1981), pp. 263-293.

[2] van Leer, B., Flux Vector Splitting for the Euler Equations, Proc. 8th Int. Conf. on Numerical Methods. in Fluid Dynamics, *Lecture Notes in Phys.*, Vol. 170, (1982), pp. 507-512, Springer-Verlag.

[3] Roe, P. L., Approximate Riemann Solver, Parameter Vectors and Difference Schemes, *J. Comp. Phys.*, Vol. 43, (1981), pp. 357-372.

[4] Godunov, S. K. and I. Bohachevsky, I., Finite Difference Method for Numerical Computation of Discontinuous Solutions of the Equations of Fluid Dynamics, Matematicheskii Sbornik (in Russian), Vol. 47, (1959), pp. 271-306.

[5] Woodward, P.R. and Colella, P., The Piecewise Parabolic Method (PPM) for Gas-dynamical Simulations, *J. Comp. Phys.*, Vol. 57, (1984), pp. 174-201.

[6] Osher, S. and F. Solomon, F., Upwind Difference Schemes for Hyperbolic Systems of Conservation Laws, Mathematics of Computation, Vol. 38, (1982), pp. 339-374.

[7] Liou, M.-S. and Steffen, C.J., A New Flux Splitting Scheme, *J. Comp. Phys.*, Vol. 107, (1993), pp. 23-39.

[8] van Leer, B., Towards the Ultimate Conservative Difference Scheme. V. A Second-order Sequel to Godunov's Method, *J. Comp. Phys.*, Vol. 32, (1979), pp. 101-138.

[9] Yamamoto, S. and Daiguji, H., Higher-order-accurate Upwind Schemes for Solving the Compressible Euler and Navier–Stokes Equations, *Comp. and Fluids*, Vol. 22, (1993), pp. 259-270.

[10] Harten, A., High Resolution Schemes for Hyperbolic Conservation Laws, *J. Comp. Phys.*, Vol. 49, (1983), pp. 357-393.

[11] van Leer, B., Towards the Ultimate Conservative Difference Scheme II. Monotonicity and Conservation Combined in a Second Order Scheme, *J. Comp. Phys.*, Vol. 14, (1974), pp. 361-370.

[12] Roe, P.L., Some Contributions to the Modelling of Discontinuous Flows, *Proc. 1983 AMS-SIAM Summer Seminar on Large Scale Computing in Fluid Mechanics, Lecture Notes in Applied Mathematics*, Vol. 22, (1983), pp. 163-193.

[13] Chakravarthy, S.R. and Osher, S., High Resolution Applications of the Osher Upwind Scheme for the Euler Equations, AIAA Paper 83-1943, (1983).

[14] Beam, R.M. and Warming, R.F., An Implicit Factored Scheme for the Compressible Navier–Stokes Equations, *AIAA J.*, Vol. 16, (1978), pp. 393-402.

[15] Pulliam, T.H. and Chaussee, D.S., A Diagonal Form of an Implicit Approximate Factorization Algorithm, *J. Comp. Phys.*, Vol. 39, (1981), pp. 347-363.

[16] Yamamoto, S. and Daiguji, H., Numerical Simulation of Unsteady Turbulent Flow through Transonic and Supersonic Cascades, *Lecture Notes in Phys.*, Vol. 371, (1990), pp. 485-486, Springer-Verlag.

[17] Yoon, S. and Jameson, A., Lower-upper Symmetric-Gauss-Seidel Method for the Euler and Navier–Stokes Equations, *AIAA J.*, Vol. 26, (1988), pp. 1025-1026.

[18] Yamamoto, S. and Kano, S., An Efficient CFD Approach for Simulating Unsteady Hypersonic Shock-shock Interference Flows, *Comp. and Fluids*, Vol. 27, (1998), pp.571-580.

[19] Yamamoto, S., Takahashi, A. and Daiguji, H., Higher-order Numerical Simulation of Unsteady Shock/Vortex Interactions, AIAA Paper 94-2305, (1994).

[20] Van Dyke, M., An Album of Fluid Motion, The Parabolic Press, Stanford, (1982), pp. 130-131.

[21] Turkel, E., Preconditioned Methods for Solving the Incompressible and Low Speed Compressible Equations, *J. Comp. Phys.*, Vol. 72, (1987), pp. 277-298.

[22] Choi, Y.H., and Merkle, C.L., The Application of Preconditioning in Viscous Flows, *J. Comp. Phys.* Vol. 105, (1993), pp. 207-223.

[23] Weiss, J.M. and Smith, W.A., Preconditioning Applied to Variable and Constant Density Flows, *AIAA J.*, Vol. 33, (1995), pp. 2050-2057.

[24] Yamamoto, S., Niiyama, D. and Shin, B.R., A Numerical Method for Natural Convection and Heat Conduction around and in a Horizontal Circular Pipe, *Int. J. Heat and Mass Transfer*, Vol. 47, (2004), pp. 5777-5788.

[25] Yamamoto, S., Preconditioning Method for Condensate Fluid and Solid Coupling Problems in General Curvilinear Coordinates, *J. Comp. Phys.*, Vol. 207, (2005), pp. 240-260.

[26] Kuehn, T.H. and Goldstein, R.J., Numerical Solution to the Navier–Stokes Equations for Laminar Natural Convection about a Horizontal Isothermal Circular Cylinder, *Int. J. Heat Mass Transfer*, Vol. 23 (1980), pp. 971–979.

第 6 章

[1] Introduction to Physical Gas Dynamics, eds. Vincenti, W. G. and Kruger, Jr., C. H., (1965), R.E.Krieger Pub. Company, Florida.

[2] Hypersonic and High Temperature Gas Dynamics, ed. Anderson, Jr., J. D., (1989), McGraw-Hill Book Company, New York.

[3] Nonequilibrium Hypersonic Aerothermodynamics, ed. Park, C., (1990), John Wiley & Sons, New York.

[4] Park, C., Assesment of Two-Temperature Kinetic Model for Dissociating and Weakly Ionizing Nitrogen, AIAA Paper 86-1347, (1986).

[5] Park, C., Assesment of Two-Temperature Kinetic Model for Ionizing Air, AIAA Paper 87-1574, (1987).

[6] Millikan, R.C. and White, D.R., Systematics of Vibrational Relaxation, *J. Chem. Phys.*, Vol. 39, (1963), pp. 3209-3213.

[7] Lee, J.H., Basic Governing Equations for the Flight Regimes of Aeroassisted Orbital Transfer Vehicles, Thermal Design of Aeroassisted Orbital Transfer Vehicles, eds. H.F. Nelson, *Progress in Aeronautics and Astronautics*, Vol. 96, (1985), pp. 3-53.

[8] Wilke, C.R., A Viscosity Equation for Gas Mixtures, *J. Chem. Phys.*, Vol. 18, (1950), pp.517-519.

[9] Blottner, F.G., Johnson, M. and Ellis, M., Chemically Reacting Viscous Flow Program Multi-Component Gas Mixture, Report No.SC-RR-70-754, (1971), Sandia Laboratories.

[10] Hirschfelder, J.O., Curtiss, C.F. and Bird, R.B., The Molecular Theory of Gases and

Liquids, (1954), John Wiley & Sons.

[11] R.K. Lobb, Experimental Measurement of Shock Detachment Distance on Spheres Fired in Air at Hypervelocities", The High Temperature Aspects of Hypersonic Flow (ed. Nelson), Pergamon Press, (1964), pp 519-527.

[12] Yamamoto, S. and Sato, D., Overrelaxation Applied to Lower-Upper Symmetric Gauss-Seidel Method for Hypersonic Flows, *AIAA J.*, Vol. 42, No. 9(2004), pp.1849-1853.

[13] Edney, B. E., Anomalous Heat Transfer and Pressure Distributions on Blunt Bodies at Hypersonic Speeds in the Presence of an Impinging Shock, FFA Report No.115, (1968).

[14] Yamamoto, S., Takasu, N. and Nagatomo, H., Numerical Investigation of Shock/Vortex Interaction in Hypersonic Thermochemical Nonequilibrium Flow, *J. Spacecraft and Rockets*, Vol. 36, No. 2(1999), pp. 240-246.

[15] Windisch, C., Birgit U. Reinartz, B. U. and Müller, S., Investigation of Unsteady Edney Type IV and VII Shock-Shock Interactions, *AIAA J.*, Vol. 54, No.6 (2016), pp. 1846-1861.

第 7 章

[1] Bakhtar, F., Young, J.B., White, A.J., and Simpson, D.A., Classical Nucleation Theory and its Application to Condensing Steam Flow Calculations, *Proc. IMechE*, Vol. 219, Part C (2005), pp. 1315-1333.

[2] Young, J.B., The Spontaneous Condensation of Steam in Supersonic Nozzle, *Physico-Chemical Hydrodynamics*, Vol. 3, No.1(1982), pp. 57-82.

[3] Schnerr, G. H. and Dohrmann, U., Transonic Flow around Airfoils with Relaxation and Energy Supply by Homogeneous Condensation, *AIAA J.*, Vol. 28, No. 7 (1990), pp. 1187-1193.

[4] Seinfeld, J.H., Atmospheric Chemistry and Physics of Air Pollution, (1986), Wiley.

[5] Pratsinis, S.E., Simultaneous Nucleation, Condensation, and Coagulation in Aerosol Reactors, *J. Colloid and Interface Science*, Vol. 124, No. 2 (1988), pp. 416-427.

[6] Hill, P. G., Condensation of Water Vapour during Supersonic Expansion in Nozzles, *J. Fluid Mech.*, Vol. 25, No. 3 (1966), pp. 593-620.

[7] Yamamoto, S., Computation of Practical Flow Problems with Release of Latent Heat, *Energy*, Vol. 30, (2005), pp. 197-208.

[8] Volmer, M., Kinetik der Phasenbuildung, (1939), Steinkopff.

[9] Helfgen, B., Türk, M. and Schaber, K., Hydrodynamic and Aerosol Modeling of the Rapid Expansion of Supercritical Solution (RESS-Process), *J. Supercritical Fluids*, Vol. 26, (2003), pp. 225-242.

[10] Kotake, S. and Glass, I.I., Flow with Nucleation and Condensation, *Prog. Aerospace Sciences*, Vol. 19, (1981), pp. 129-196.

[11] Frenkel, J., Kinetic Theory of Liquids, (1955), Dover.

[12] Debenedetti, P.G., Homogeneous Nucleation in Supercritical Fluids, *AIChE Journal*, Vol. 36, No. 9 (1990), pp. 1289-1298.

[13] Kwauk, X. and Debenedetti, P.G., Mathematical Modeling of Aerosol Formation by Rapid Expansion of Supercritical Solutions in A Converging Nozzle, *J. Aerosol Science*,

Vol. 24, No. 4(1993), pp. 445-469.

[14] Türk, M, Influence of Thermodynamic Behaviour and Solute Properties on Homogeneous Nucleation in Supercritical Solutions, *J. Supercritical Fluids*, Vol. 18, (2000), pp. 169-184.

[15] Angus, S. et al., International Thermodynamic Table of the Fluid State-3 Carbon Dioxide, IUPAC, Vol. 3, (1976).

[16] Gyarmathy, G., Bases for a Theory for Steam Turbine, *Bulletin, Institute for Thermal Turbomachines, Federal Technical University, Zurich, Switzerland*, Vol. 6, (1964).

[17] Kantrowitz, A., Nucleation in Very Rapid Vapour Expansions, *J. Chem. Phys.*, Vol. 19, (1951), pp. 1097-1100.

[18] Wegener, P.P., Nonequilibrium Flows I. Gasdynamics, ed. by Wegener, P. P., (1969), pp. 162-243, Marcel Dekker Publishers.

[19] Wegener, P.P. and Mack, L.M., Condensation in Supersonic and Hypersonic Wind Tunnels, Advances in Applied Mechanics, eds. by Dryden, H. L. and von Karman, T., (1969), pp. 307-447, Academic Press.

[20] Abraham, F.F., Homogeneous Nucleation Theory, (1974), Academic Press.

[21] 島田学, 向阪保雄, エアロゾル粒子の物体表面への沈着現象, エアロゾル研究, Vol. 3, No. 4(1988), pp. 273-281 (Shimada, M. and Kousaka, Y., Deposition of Aerosol Particles on Solid Surface, Journal of Aerosol Research, Vol. 3, No. 4(1988), pp. 273-281, in Japanese).

[22] 島田学, エアロゾル粒子の沈着現象に対する理論的評価手法, エアロゾル研究, Vol. 40, No .4(1999), pp. 303-308 (Shimada, M., Theoretical Methods for Evaluation of Aerosol Particle Deposition, Journal of Aerosol Research, Vol. 40, No .4(1999), pp. 303-308, in Japanese).

[23] Guha, A., Transport and Deposition of Particles in Turbulent and Laminar Flow, *Annual Review of Fluid Mechanics*, Vol. 40, (2008), pp. 311-341.

[24] Liu, B.Y.H. and Agarwal, J.K., Experimental Observation of Aerosol Deposition in Turbulent Flow, *J. Aerosol Science*, Vol. 5, (1974), pp. 145-155.

[25] Papavergos, P. G. and A. B. Hedley, Particle Deposition Behaviour from Turbulent Flows, *Chemical Engineering Research and Design*, Vol. 62, (1984), pp. 275-295.

[26] Wood, N.B., A Simple Method for the Calculation of Turbulent Deposition to Smooth and Rough Surfaces, *J. Aerosol Science*, Vol. 12, No. 3 (1981), pp. 275-290.

[27] Johnsen, S.T., The Deposition of Particles on Vertical Walls, *Int. J. Multiphase Flow*, Vol.17, No. 3 (1991), pp. 355-376.

[28] Young, J. and Leeming, A., A Theory of Particle Deposition in Turbulent Pipe Flow, *J. Fluid Mech.*, Vol. 340, (1997), pp. 129-159.

[29] Guha A., A Unified Eulerian Theory of Turbulent Deposition to Smooth and Rough Surfaces, *J. Aerosol Science*, Vol. 28, No. 8 (1997), pp. 1517-1537.

[30] Ishizaka, K., Ikohagi, T. and Daiguji, H., A High-Resolution Numerical Method for Transonic Non-Equilibrium Condensation Flow through a Steam Turbine Cascade, *Proc. 6th ISCFD*, Vol.1, (1995), pp. 479-484.

[31] Menter, F. R., Two-Equation Eddy-Viscosity Turbulence Models for Engineering Appli-

cations, *AIAA J.*, Vol. 32, (1994), pp. 1598-1605.

[32] Roe, P. L., Approximate Riemann Solvers, Parameter Vectors, and Difference Schemes, *J. Comp. Phys.*, Vol. 43, (1981), pp. 357-372.

[33] Yamamoto, S. and Daiguji, H., Higher-Order-Accurate Upwind Schemes for Solving the Compressible Euler and Navier–Stokes Equations, *Comp. and Fluids*, Vol. 22, No. 2/3 (1993), pp. 259-270.

[34] Yoon, S. and Jameson, A., Lower-upper Symmetric-Gauss–Seidel Method for the Euler and Navier–Stokes Equations, *AIAA J.*, Vol. 26, (1988), pp. 1025-1026.

[35] Yamamoto, S., Kano, S. and Daiguji, H., An Efficient CFD Approach for Simulating Unsteady Hypersonic Shock-shock Interference Flows, *Comp. and Fluids*, Vol. 27, No. 5/6 (1998), pp. 571-580

[36] Startzmann, J. et al., Results of the International Wet Steam Modeling Project, *Proc. IMechE, Part A, J. Power and Energy*, Vol. 232, No. 5 (2018).

[37] Yamamoto, S., Moriguchi, S., Miyazawa, H., and Furusawa, T., Effect of Inlet Wetness on Transonic Wet-steam and Moist-air Flows in Turbomachinery, *Int. J. Heat and Mass Transfer*, Vol. 19, (2018), pp. 720-732.

[38] Miyazawa, H., Furusawa, T., Yamamoto, S., Sasao, Y. and Ooyama, H., Unsteady Force on Multi-stage and Multi-passage Turbine Long Blade Rows Induced by Wet-steam Flows, *Proc. ASME Turbo Expo 2016*, GT2016-56360, (2016), 12 pages.

[39] Yamamoto, S., Araki, K., Moriguchi, S., Miyazawa, H. Furusawa, T., Yonezawa, K., Umezawa, S., Ohmori, S. and Takeshi Suzuki, T., Effects of Wetness and Humidity on Transonic Compressor of Gas Turbine, *Int. J. Heat and Mass Transfer*, Vol. 178, (2021), 121649.

第 8 章

[1] Turkel, E., Preconditioned Methods for Solving the Incompressible and Low Speed Compressible Equations, *J. Comp. Phys.*, Vol. 72, (1987), pp. 277-298.

[2] Choi, Y.H., and Merkle, C.L., The Application of Preconditioning in Viscous Flows, *J. Comp. Phys.* Vo. 105, (1993), pp. 207-223.

[3] Weiss, J.M. and Smith, W.A., Preconditioning Applied to Variable and Constant Density Flows, *AIAA J.*, Vol. 33, (1995), pp. 2050-2057.

[4] Yamamoto, S., Furusawa, T. and Matsuzawa, R., Numerical Simulation of Supercritical Carbon Dioxide Flows across Critical Point, *Int. J. Heat and Mass Transfer*, Vol. 54, No. 4 (2011), pp. 774-782.

[5] Redlich, O. and Kwong, J.N.S., On the Thermodynamics of Solutions. V. An Equation of State. Fugacities of Gaseous Solutions, *Chemical Review*, Vol. 44, No. 233(1949), pp. 233-244.

[6] Peng, D.-Y. and Robinson, D.B., A New Two-Constant Equation of State, *Ind. Eng. Chem. Fundam.*, Vol. 15, (1976), pp. 59-64.

[7] A PROGRAM PACKAGE FOR THERMO-PHYSICAL PROPERTIES OF FLUIDS, Vol.12.1, PROPATH group.

[8] Yamamoto, S., Toratani, M. and Sasao, Y., Preconditioning Method Applied to Near-

Critical Carbon-Dioxide Flows in Micro-Channel, *JSME Int. J., Series B*, Vol. 48, (2005), pp. 532-539.

[9] 1999 Steam Table, JSME, (1999).

[10] Angus, S., et al., International Thermodynamic Table of the Fluid State-3 Carbon Dioxide, IUPAC, Vol. 3, (1976).

[11] Lemmon, E.W., Bell, I.H., Huber, M.L., McLinden, M.O., NIST Standard Reference Database 23: Reference Fluid Thermodynamic and Transport Properties-REFPROP, Version 10.0, National Institute of Standards and Technology, Standard Reference Data Program, Gaithersburg, (2018).

[12] Matson, W., Fulton, J.L., Petersen, R.C. and Smith, R.D., Rapid Expansion of Supercritical Fluid Solutions: Solute Formation of Powders, Thin Films, and Fibers, *Ind. Eng. Chem. Res.*, Vol. 26, (1987), pp. 2298-2306.

[13] Eckert, C.A., Knutson, P.G. and Debenedetti, P.G., Supercritical Fluids as Solvents for Chemical and Material Processing, *Nature*, Vol. 383, No. 26 (1996), pp. 313-318.

[14] Yamamoto, S. and Furusawa, T., Thermophysical Flow Simulations of Rapid Expansion of Supercritical Solutions (RESS), *J. Supercritical Fluids*, Vol. 97, (2015), pp. 192-201.

[15] Yamamoto, S. and Furusawa, T., Mathematical Modelling and Computation for Rapid Expansion of Supercritical Solutions (Chapter 13), Supercritical and Other High-pressure Solvent Systems (ed. by T. M. Attard and A. J. Hunt), Royal Society of Chemistry, (2018), pp. 395-415

[16] Lettieri, C., Paxson, D., Spakovszky, Z. and Bryanston-Cross, P., Characterization of Non-Equilibrium Condensation of Supercritical Carbon Dioxide in a De Laval Nozzle, *Proc. ASME Turbo Expo 2017*, GT2017-64641, (2017).

[17] Furusawa, T., Miyazawa, H. and Yamamoto, S., Numerical Method for Simulating High Pressure CO2 Flows with Nonequilibrium Condensation, *Proc. ASME Turbo Expo 2018*, GT2018-75592, (2018).

索　引

著者略歴

山本　悟（やまもと・さとる）

1984 年	東北大学工学部機械工学科卒業
1986 年	東北大学大学院工学研究科機械工学専攻博士前期課程修了
1987 年	日本学術振興会特別研究員（～1989 年）
1989 年	東北大学大学院工学研究科機械工学専攻博士後期課程修了
1989 年	東北大学工学部機械工学科助手
1991 年	東北大学工学部機械航空工学科講師
1992 年	スタンフォード大学航空宇宙学科・文部省在外研究員（若手枠）客員研究員（～1993 年）
1992 年	東北大学大学院工学研究科航空宇宙工学専攻助教授
2004 年	東北大学大学院情報科学研究科教授
	現在に至る
	工学博士

数値流体力学の基礎と応用

2025 年 4 月 14 日　　第 1 版第 1 刷発行

著者　　　山本　悟

編集担当　富井　晃（森北出版）
編集責任　上村紗帆（森北出版）
組版　　　中央印刷
印刷　　　　　同
製本　　　協栄製本

発行者　　森北博巳
発行所　　森北出版株式会社
　　　　　〒102-0071　東京都千代田区富士見1-4-11
　　　　　03-3265-8342（営業・宣伝マネジメント部）
　　　　　https://www.morikita.co.jp/